Arbeitsheft
Fleischerei heute
2. und 3. Ausbildungsjahr

Herausgeber:
Norbert Latz

Autoren:
Gerhard Eichenauer
Johannes Gehling
Klaus-Dieter Kudick
Norbert Latz
Christina Simon

2., aktualisierte Auflage

Dr. Felix Büchner
Handwerk und Technik – Hamburg

ISBN 978-3-582-84484-2
Best.-Nr. 14105
Arbeitsheft – 2. Auflage

ISBN 978-3-582-84486-6
Best.-Nr. 14106
Arbeitsheft mit Lösungen – II./2. Auflage

Dr. Felix Büchner GmbH & Co. KG – Verlag Handwerk und Technik GmbH,
Lademannbogen 135, 22339 Hamburg; Postfach 63 05 00, 22331 Hamburg – 2021
E-Mail: info@handwerk-technik.de – Internet: www.handwerk-technik.de

Satz und Layout: Jesse Konzept & Text GmbH, 30179 Hannover
Korrekturausführung: Roman Bold & Black, 50672 Köln
Umschlagfoto: Klaus Thumser, Hamburg
Druck: Brüder Glöckler GmbH, 2752 Wöllersdorf, Österreich

Inhalt

6 Beurteilen und Zerlegen von Rind

1 Beurteilung von Schlachtfleisch I
2 Beurteilung von Schlachtfleisch II
3 Marktverlauf und Handelsklassen
4 Zerlegen des Rindes I
5 Zerlegen des Rindes II
6 Rindfleischkalkulation
7 Fleischstandards von Rindfleisch
8 Steaks
9 Zerlegen des Kalbes I
10 Zerlegen des Kalbes II
11 Ungeregelter Verlauf der Fleischreifung I
12 Ungeregelter Verlauf der Fleischreifung II
13 Phasen der Fleischreifung
14 Präsentation und Verkauf von Rindfleisch I
15 Präsentation und Verkauf von Rindfleisch II
16 Komplexe Aufgabe zur Prüfungsvorbereitung

7 Herstellen von Roh- und Kochpökelwaren

17 Herstellen von Rohpökelwaren I
18 Herstellen von Rohpökelwaren II
19 Salzen und Pökeln I
20 Salzen und Pökeln II
21 Diffusion und Osmose
22 Osmotische Wirkung
23 Herstellen von Kochpökelwaren I
24 Herstellen von Kochpökelwaren II
25 Räuchern I
26 Räuchern II
27 Zusatzstoffe I
28 Zusatzstoffe II
29 Grundlagen der Sensorik
30 Präsentation und Verkauf von Koch- und Rohpökelwaren I
31 Präsentation und Verkauf von Koch- und Rohpökelwaren II
32 Komplexe Aufgabe zur Prüfungsvorbereitung

8 Herstellen von Kochwurst

33 Kochwurst nach den Leitsätzen
34 Auswahl und Vorbehandlung der Kochwurstrohstoffe
35 Leberwürste I
36 Leberwürste II
37 Qualitätsanforderungen
38 Leberwurstfehler
39 Blutwurst
40 Sülzwurst
41 Blut- und Sülzwurstfehler
42 Emulsionen
43 Zusatzstoffe
44 Naturdärme
45 Kunstdärme
46 Unterscheidung der Därme
47 Präsentation und Verkauf von Kochwurst I
48 Präsentation und Verkauf von Kochwurst II
49 Komplexe Aufgabe zur Prüfungsvorbereitung I
50 Komplexe Aufgabe zur Prüfungsvorbereitung II

9 Herstellen von Brühwurst

51 Brühwurst nach den Leitsätzen
52 Auswahl und Vorbehandlung der Brühwurstrohstoffe
53 Herstellung von Brühwürstchen I
54 Herstellung von Brühwürstchen II
55 Qualitätsanforderungen
56 Brühwurstfehler
57 Zusatzstoffe
58 Vakuumkuttern
59 Stickstoffkuttern
60 Kutterverfahren
61 Präsentation und Verkauf von Brühwurst I
62 Präsentation und Verkauf von Brühwurst II
63 Kreuzworträtsel – Herstellen von Brühwurst
64 Komplexe Aufgabe zur Prüfungsvorbereitung

10 Herstellen von Rohwurst

65 Rohwurst nach den Leitsätzen
66 Fleischauswahl für Rohwürste
67 Herstellung von schnittfester Rohwurst
68 Herstellung von streichfähiger Rohwurst
69 Qualitätsanforderungen
70 Rohwurstfehler
71 Reifeverfahren
72 Rohwurstreifung
73 Zusatzstoffe I
74 Zusatzstoffe II
75 Haltbarmachung von Rohwurst (Hürdenverläufe)
76 Qualitätsbeurteilung
77 Präsentation und Verkauf von Rohwurst
78 Komplexe Aufgabe zur Prüfungsvorbereitung

Inhalt

11 Herstellen von verzehrfertigen Produkten

79 Herstellen von verzehrfertigen Produkten – Hygiene
80 Salate
81 Snacks/Fingerfood
82 Warme Produkte
83 Kalte Produkte
84 Qualitätsanforderungen
85 Warm- und Kaltlagerung
86 Präsentation von verzehrfertigen Produkten
87 Verkauf von verzehrfertigen Produkten
88 Komplexe Aufgabe zur Prüfungsvorbereitung

12 Gewinnen von Rohstoffen, Herstellen von Gerichten und besonderen Fleisch- und Wurstwaren

89 Gewinnen von Rohstoffen – Tierschutz
90 Krankheiten der Schlachttiere
91 Schlachtstempel
92 Betäubungsverfahren für Schlachttiere
93 Ablauf der Rinderschlachtung
94 Ablauf der Schweineschlachtung I
95 Ablauf der Schweineschlachtung II
96 Blutgewinnung und Blutbehandlung
97 Fleischbeschau/Fleischuntersuchung
98 Zusammenstellen von Gerichten
99 Brühen, Suppen, Eintöpfe
100 Fleischgerichte
101 Qualitätsanforderungen
102 Verkauf
103 Präsentation/Verpackung
104 Konservenherstellung
105 Einteilung und Eigenschaften von Konserven
106 Mängel in der Konservenherstellung und -lagerung
107 Herstellen besonderer Fleisch- und Wurstwaren
108 Komplexe Aufgaben zur Prüfungsvorbereitung

13 Kundenberatung, Planen von Veranstaltungen und Verpacken von Produkten

109 Backwaren und Teigwaren
110 Obst und Gemüse
111 Milch und Milchprodukte
112 Geflügel, Fisch, Konserven
113 Verkaufstheken belegen
114 Anforderungen an das Verkaufspersonal und seine Aufgaben
115 Verkaufsgespräche führen
116 Bestellscheine ausfüllen
117 Lieferscheine erstellen
118 Rechnungen erstellen
119 Beratungsgespräche führen
120 Partyservice und Catering
121 Marketing im Partyservice
122 Angebotskarten erstellen
123 Speisen anbieten
124 Platten belegen
125 Büfetts aufbauen
126 Verpacken von Produkten I
127 Verpacken von Produkten II
128 Komplexe Aufgabe zur Prüfungsvorbereitung I
129 Komplexe Aufgabe zur Prüfungsvorbereitung II
130 Komplexe Aufgabe zur Prüfungsvorbereitung III

131 Sachwortverzeichnis
132 Bildquellenverzeichnis

Beurteilung von Schlachtfleisch I

Bei Rindfleisch sind das Alter und Geschlecht des Tieres von entscheidender Bedeutung für die Qualität und somit für die Verwendbarkeit des Fleisches. Sie sollen diese Faktoren zusammenstellen, um entscheiden zu können, ob das Fleisch zu Roh- oder Brühwurst, zu Braten oder Kurzbratfleisch oder zu Hackfleisch verarbeitet wird.

1 Je nach Alter und Geschlecht der Rinder werden Schlachttiere unterschiedlich bezeichnet. Tragen Sie an dem Zeitstrahl entsprechend des Alters die Rinderbezeichnungen für männliche und weibliche Tiere ein und ergänzen Sie jeweils das Schlachtgewicht.

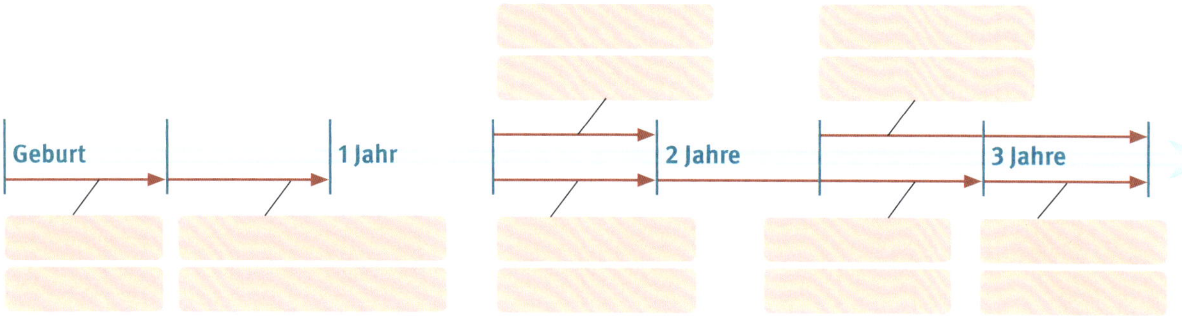

2 Es gibt teilweise unterschiedliche Alters- und Geschlechtsbezeichnungen für Schlachttiere. Zum einen wegen der offiziellen Bezeichnungen und Einteilungen durch die Handelsklassen und zum anderen durch die Bezeichnungen aus der Biologie.

a) Beschriften Sie in unten stehender Abbildung auf der linken Seite die Kennzeichen für die Alterserkennung und verbinden Sie diese mit Linien zum geschlachteten Rind.

b) Tragen Sie in unten stehender Abbildung auf der rechten Seite die Kennzeichen für die Geschlechtsbezeichnung ein und verbinden Sie diese mit Linien zum geschlachteten Rind.

Alterskennzeichen

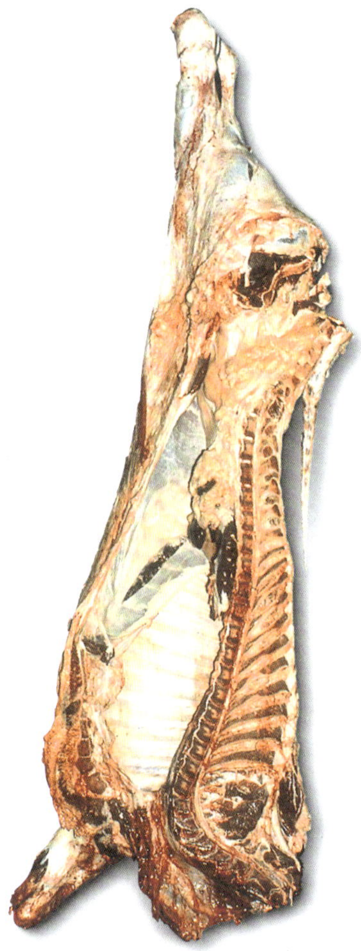

Geschlechtskennzeichen

Name: Klasse: Datum:

6 Beurteilung von Schlachtfleisch II

3 Die Bestimmung des Alters am geschlachteten Rind ist eine Bestimmung mit Tendenz. Die einzig genauere Altersfeststellung erfolgt über die Dornfortsatzkappen und Dornfortsätze. Sortieren Sie den Abbildungen die entsprechend richtigen Eigenschaften zu. Ziehen Sie Verbindungslinien zwischen der Abbildung und den Kreisen in der jeweiligen Rahmenfarbe der Abbildung.

Abbildungen	Alter	Farbe der Dornfortsatzkappen	Farbe des Knochengewebes der Dornfortsätze	Trennbarkeit von Dornfortsatzkappen und Dornfortsätzen
	ca. 3 Jahre	weißlich	gelblich	nur noch schwer abbrechbar, aber noch gut erkennbar
	ca. 2 Jahre	gelblich	rötlich	Dornfortsatzkappen und Dornfortsätze bilden einen zusammenhängenden Knochen
	ca. 4 Jahre	deutlich weiß	rötlich gelb	leicht abbrechbar, nur wenig verknöchert
	über 5 Jahre	gelblich weiß	rot	weich, mit dem Daumen umzubiegen

4 Sie erhalten in Ihrem Betrieb eine Rindfleischlieferung. Auf dem Etikett stehen die jeweiligen Handelsklassenkennzeichen. Um welche Kategorie, Fleischigkeit und Fettabdeckung handelt es sich hierbei?

Kennzeichen	Kategorie	Fleischigkeit Tendenz		Fettabdeckung	
			Tendenz		Tendenz
E E0 3-					
V U+ 2 0					
A R- 4-					
Z P+ 1+					

5 Sie sind mit der Schlachtung der Rinder befasst und sollen die Arbeit des Klassifizierers mit Ihren Erkenntnissen über Kategorie, Fleischigkeitsklasse und Fettabdeckungsstufe abgleichen. Sie gelangen zu den unten stehenden Erkenntnissen. Wie muss das Handelsklassenetikett beschriftet werden bzw. wie muss der Stempel eingestellt werden?

Jungbullenfleisch, gute Bemuskelung von Rücken und Schulter, mittlere Bemuskelung der Keule, geringe Fettabdeckung mit Tendenz zu sehr geringer Fettabdeckung.

Marktverlauf und Handelsklassen

Ein neuer Mitarbeiter fragt Sie, warum Rindfleisch nach Handelsklassen eingeteilt wird, obwohl die Klassifizierung so schwierig ist. Sie erläutern ihm die Vorteile der Einteilung in Bezug auf eine qualitätsbezogene und damit gerechte Bezahlung und hinsichtlich der Feststellung der Marktanforderungen.

Rinderschlachtkörperpreise frei Schlachtstätte (Notierungen in EUR je 100 kg SG; Durchschnittspreis in Klammern)

Preisgebiet Datum		Schleswig Holst./HH 29.11. – 05.12.	Nieders./Bremen 29.11. – 05. 12	NRW 29.11. – 05.12.	Rhld.-Pfalz/Hessen 29.11. – 05.12.	Baden-Württemberg 29.11. – 05.12.
Jungbullen	U2	319–362 (358)	– – (367)	358–369 (367)	330–350 (339)	347–370 (367)
	Stück	150	745	791	19	1437
	U3	337–356 (353)	– – (362)	354–368 (364)	– – (–)	360–367 (356)
	Stück	216	574	1033	7	550
	R2	300–356 (351)	358–361 (359)	356–365 (361)	317–340 (329)	346–364 (359)
	Stück	234	578	1178	22	1368
	R3	302–352 (342)	353–356 (355)	344–361 (357)	310–336 (327)	345–361 (357)
	Stück	484	831	1212	18	296
	O3	288–315 (305)	322–326 (324)	316–325 (323)	240–296 (292)	300–320 (318)
	Stück	961	2373	1133	47	166
	E–P	– – (323)	– – (339)	– – (–)	– – (299)	– – (356)
	Stück	2579	6324	–	172	4562
Färsen	U3	– – (–)	– – (–)	257–330 (300)	– – (–)	300–345 (309)
	Stück	84	75	14	6	269
	R3	260–290 (288)	– – (284)	277–311 (290)	281–303 (299)	291–338 (305)
	Stück	301	116	151	24	319
	O3	225–250 (241)	226–234 (230)	217–229 (225)	228–261 (246)	233–261 (242)
	Stück	410	271	206	42	186
	E–P	– – (253)	– – (239)	– – (–)	– – (252)	– – (290)
	Stück	1243	703	–	191	2076
Kühe	R3	230–290 (243)	– – (243)	– – 9–247 (244)	– 6–246 (240)	240–251 (249)
	Stück	170	117	185	30	604
	O3	219–235 (230)	230–234 (233)	226–234 (231)	217–236 (227)	222–233 (229)
	Stück	1009	1276	1114	191	622
	P2	172–195 (183)	– – (190)	179–186 (183)	160–208 (194)	181–204 (183)
	Stück	317	343	423	123	221
	E–P	– – (214)	– – (216)	– – (–)	– – (203)	– – (228)
	Stück	2752	3146	–	900	4767

1 Wie viel Stück Großvieh und wie viel Prozent aller Rinderschlachtungen (E-P) entfallen auf die Preisgebiete?

	Gesamt-schlachtung	Schl.-Holst/ HH	Nieders./ Bremen	NRW	Rhld.-Pfalz/ Hessen	Baden-Württemberg
Stück						
Prozent						

2 Wie viel Prozentanteile an den Gesamtschlachtungen (E-P) haben Jungbullen, Färsen und Kühe in Niedersachsen/Bremen und Baden-Württemberg?

	Gesamtschlachtung (Stück)	Jungbullen	Färsen	Kühe
Niedersachsen/Bremen				
Baden-Württemberg				

3 Um wie viel Prozent sind die jeweiligen Durchschnittspreise bei Jungbullen in NRW höher als in Schl.-Holst./HH?

NRW U 2 ____ U 3 ____ R 2 ____ R 3 ____ O 3 ____

4 Welche prozentualen Anteile haben die angegebenen Handelsklassen von Jungbullen, Färsen und Kühen in Bezug auf die Gesamtschlachtungen in NRW? (Gesamtschlachtung 7440 Stück)

Jungbullen U 2 ____ U 3 ____ R 2 ____ R 3 ____ O 3 ____

Färsen U 3 ____ R 3 ____ O 3 ____

Kühe R 3 ____ O 3 ____ P 2 ____

Name: Klasse: Datum:

Zerlegen des Rindes I

Zusammen mit anderen Auszubildenden werden Sie an einem dreiwöchigen Auslandspraktikum in Großbritannien teilnehmen. Zur Vorbereitung haben Sie die Aufgabe, ein Merkblatt über die Unterscheidungsmerkmale jüngerer und älterer Tiere sowie über die Fleischteile und Fleischteilstücke zusammenzustellen. Außerdem sollen Sie Fleischteile in englischer Sprache benennen.

1 Nennen Sie die Unterscheidungsmerkmale zwischen dem Fleisch jüngerer und älterer Rinder.

	Jüngere Tiere	Ältere Tiere
Faserstruktur		
Fleischfarbe		
Fettanteil im Muskelgewebe		
Fettfarbe		

2 Bezeichnen Sie die gekennzeichneten Fleischteile nach der DLG-Richtlinie und nennen Sie die dazugehörige internationale englische Bezeichnung.

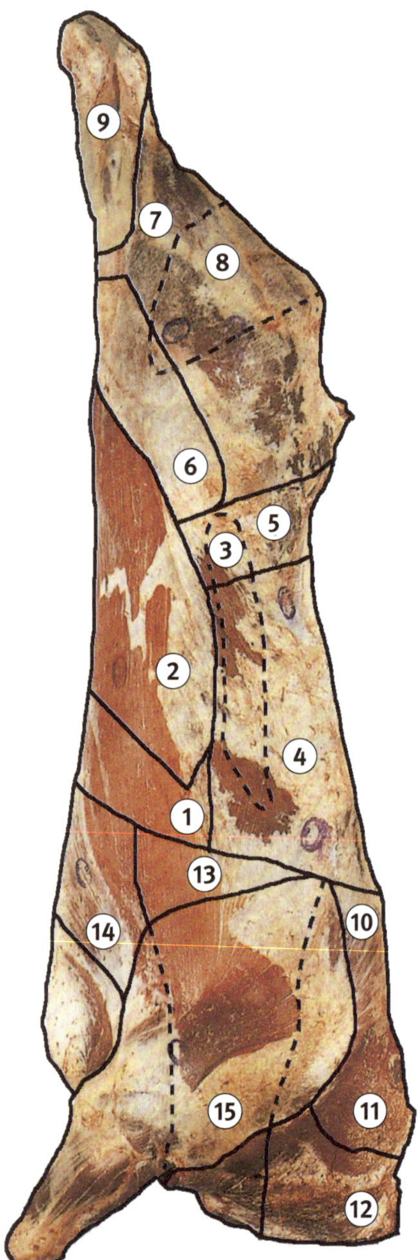

	Fleischteil	Internationale Bezeichnung
1		
2		
3		
4		
5		
6		
7		
8		
9		
10		
11		
12		
13		
14		
15		

Zerlegen des Rindes II

3 Benennen Sie die wichtigsten Fleischteilstücke des Rindes und geben Sie deren mögliche Verwendung in der Küche an.

Fleischteilstück

Verwendung

Fleischteilstück

Verwendung

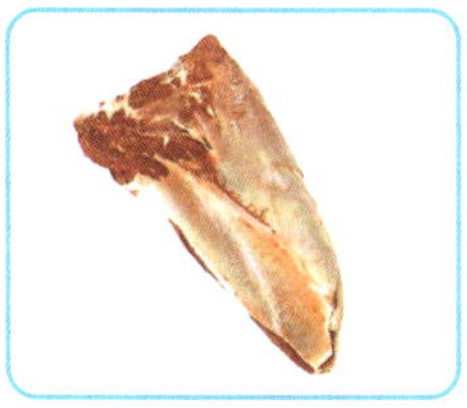

Fleischteilstück

Verwendung

4 Der Fleischermeister kauft eine Rinderhälfte mit einem Gewicht von 143,500 kg.
Da er Rohwurst herstellen möchte, wird das Rindfleisch für die Verarbeitung zerlegt.
Welches Gewicht haben die einzelnen Sortierungsklassen?

	R 1 26,00 %	R 2 32,10 %	R 3 8,50 %	Fettgewebe/ Sehnen 6,10 %	Knochen 27,30 %
Gewicht					

Name: Klasse: Datum:

6 Rindfleischkalkulation

Eine Färse (Hkl. A) mit 358,5 kg Lebendgewicht kostet auf dem Schlachtviehgroßmarkt 134,90 €/100 kg. Sie hat eine Schlachtausbeute von 57 %. Der Auskühlverlust beträgt 2,1 % und durch das Aufhauen und Zerlegen verliert sie nochmals 3,9 %. Der Knochenanteil wird mit 23 % kalkuliert. Die Schlachtkosten betragen 0,12 €/kg Lebendgewicht. Die Nebenerlöse brachten 66,00 €. Im Betrieb wird mit 42 % Gemeinkosten sowie 20 % Gewinn gerechnet. Die Mehrwertsteuer beträgt 7 %.

1 Berechnen Sie den Brutto-Abgabepreis pro kg Rindfleisch ohne Knochen. Füllen Sie dazu das folgende Kalkulationsschema aus.

Berechnung der Gewichte (kg)	Bezeichnung der Rechenposten	Angaben (€/kg oder %)	Berechnung der Preise (€)
	A. Gewichtsberechnung		
	Lebendgewicht		
	– Schlachtverlust		
	= Warmschlachtgewicht		
	– Auskühlverlust		
	= Kaltschlachtgewicht		
	– Schwund		
	= Verkaufsgewicht mit Knochen		
	– Knochenanteil		
	= Verkaufsgewicht ohne Knochen		
	B. Preisberechnung		
	Lebendgewichtspreis		
	+ Einkaufs- und Schlachtkosten		
	= Gestehungspreis für das Tier		
	– Vorerlös Innereien		
	= Gestehungspreis Fleisch mit Knochen		
	C. Kalkulationsaufschläge		
	Gestehungspreis		
	+ Gemeinkosten		
	= Selbstkostenpreis		
	+ Gewinn		
	= Abgabepreis		
	+ Mehrwertsteuer		
	= Brutto-Abgabepreis		
	Brutto-Abgabepreis pro kg einschließlich MwSt.		

Fleischstandards von Rindfleisch

Sie erhalten vom Meister den Auftrag, der neuen Praktikantin die Fleischstandards von Rindfleisch an praktischen Beispielen zu erläutern.

1 Erläutern Sie, worin die Notwendigkeit einer Fleisch-Standardisierung besteht.

2 Welches sind die Kriterien für die Zuordnung des Fleisches in die einzelnen Qualitätsstufen (Standards)?

3 **a)** Ergänzen Sie zu den einzelnen Qualitätsstufen die jeweilige Leitsatzkennziffer.
b) Ordnen Sie diesen mithilfe von Verbindungslinien die korrekte Definition zu und tragen Sie den BEFFE-Wert in das darunterstehende Kästchen ein.

R I

R II

R III

R IV

R V

Grob entsehntes Rindfleisch mit einem sichtbaren Fettanteil von max. 10 %	Fett- und sehnenhaltiges Material vom Rind, sichtbarer Fettanteil max. 15 %, stark bindegewebseiweißhaltig	Gut entsehntes und entfettetes Rindfleisch, ohne sichtbares Fett und ohne sichtbare Sehnen	Rindfleisch, sehnenarm, mit einem sichtbaren Fettanteil von über 30 %	Grob entsehntes und entfettetes Rindfleisch, sichtbarer Fettanteil max. 5 %
BEFFE	BEFFE	BEFFE	BEFFE	BEFFE

4 Wählen Sie für folgende Wurstsorten das entsprechende Rindfleisch- und Schweinefleischmaterial aus.

Fleischwurst:

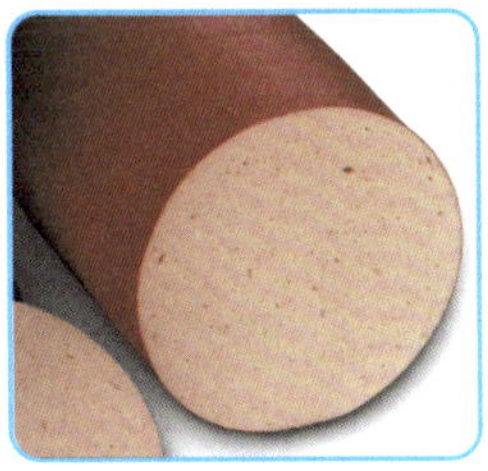

Bierwurst:

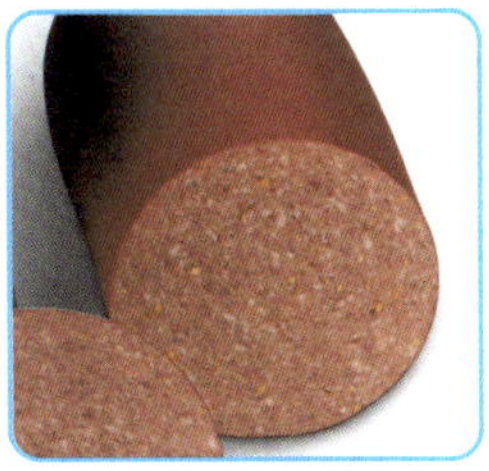

Teewurst:

Name: Klasse: Datum:

Steaks

Der Meister möchte eine Aktionswoche zum Thema „Steaks“ durchführen und beauftragt Sie damit, Produktinformationen für einen Kundenflyer zu sammeln.

1 Überlegen Sie, welche Fragestellungen Sie aus Sicht der Kunden in einem Kundenflyer über Steaks beantworten müssen.

2 Aus welchen Fleischteilen des Rindes werden nachfolgende Steaks gewonnen, welche Leitsatz-Kennziffer haben sie und welches Frischgewicht sollten sie vor der Zubereitung aufweisen?

	Leitsatz-Kennziffer	Fleischteile	Frischgewicht
Rib-Eye-Steak			
T-Bone-Steak			
Rumpsteak			
Club-Steak			

3 **a)** In diesem Schwedenrätsel sind sieben Teile (mit Doppelnennungen) versteckt, die aus dem Filet des Rindes gewonnen werden. Kreisen Sie diese senkrecht, waagerecht und diagonal ein.

F	S	R	Z	G	B	N	J	K	I	O	L	T	J	Y
C	I	F	I	L	E	T	S	T	E	A	K	O	L	M
M	H	L	G	H	U	K	S	D	R	V	X	U	K	J
F	E	A	E	G	U	G	L	P	A	R	B	R	W	H
I	R	J	T	T	F	T	R	E	I	K	N	N	A	I
L	T	H	Z	E	S	U	K	L	A	M	C	E	A	P
E	H	E	O	O	A	T	Z	I	O	T	D	D	Z	Ü
T	K	T	P	L	A	U	R	R	E	E	Q	O	U	Z
S	K	Z	N	J	L	R	B	O	K	W	W	K	I	Q
E	U	I	M	Z	I	C	E	R	G	U	I	M	H	W
A	P	O	D	H	T	V	I	P	I	A	O	I	N	A
K	L	L	A	M	B	N	O	W	G	A	N	E	K	T
S	M	A	F	I	L	E	T	M	I	G	N	O	N	J
R	G	U	U	I	H	A	X	N	J	O	L	D	F	O
F	I	L	E	T	S	T	R	O	G	A	N	O	F	F

b) Ordnen Sie die Steaks den Filetteilen zu.

Filetkopf:

Filetmittelstück:

Filetendstück:

Filetspitze:

c) Nennen Sie die für Steaks geeigneten Garverfahren.

Zerlegen des Kalbes I

Ein Auszubildender zum Koch erhält in Ihrer Fleischerei eine praktische Lehrunterweisung in der Kalbzerlegung. Sie sollen den Auszubildenden bei der Vertiefung der Bezeichnungen und Erläuterungen der Verwendungsmöglichkeiten für Kalbfleisch unterstützen.

1 Warum zählt Kalbfleisch zu den wertvollsten Lebensmitteln?

2 Bezeichnen Sie die gekennzeichneten Fleischteile nach der DLG-Richtlinie und nennen Sie die dazugehörige internationale englische Bezeichnung.

	Fleischteil	Internationale Bezeichnung
1		
2		
3		
4		
5		
6		
7		
8		
9		
10		
11		

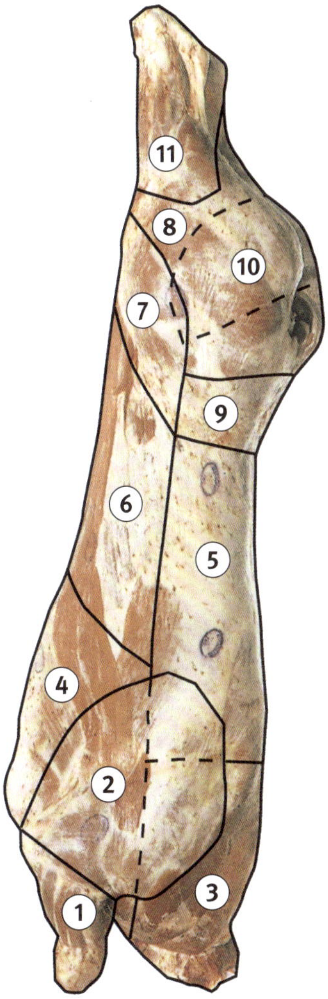

3 Der Meister möchte auf dem Fleischgroßmarkt Kalbfleisch einkaufen. Seine Preiskalkulation besagt, dass der durchschnittliche Ladenpreis 10,45 €/kg beträgt. Wie teuer darf das Kilogramm Kalbfleisch auf dem Großmarkt sein, wenn folgende Kosten berücksichtigt werden müssen:
Gewinn 15 %, Gemeinkosten 48 %, Mehrwertsteuer 7 %, Zerlegeverlust 4,1 %?

	... % ≙ ... €	100 %
Nettopreis		
Selbstkosten		
Materialkosten		
Materialkosten abzüglich Zerlegeverlust = Großmarktkosten		

Name: Klasse: Datum:

6 Zerlegen des Kalbes II

4 An welchen Merkmalen ist Kalbfleisch zu erkennen?

5 Bezeichnen Sie die Kalbfleischteile der Grobzerlegung.

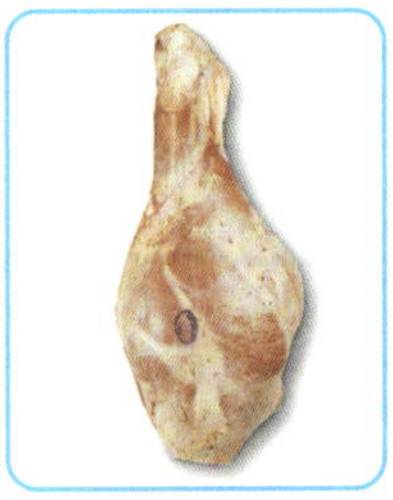

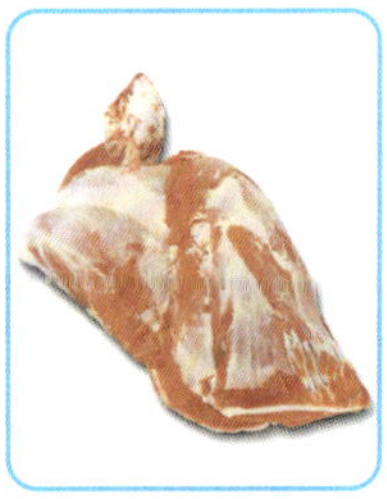

6 Benennen Sie die abgebildeten Fleischteile der Kalbskeule und geben Sie jeweils einige Verwendungsmöglichkeiten an.

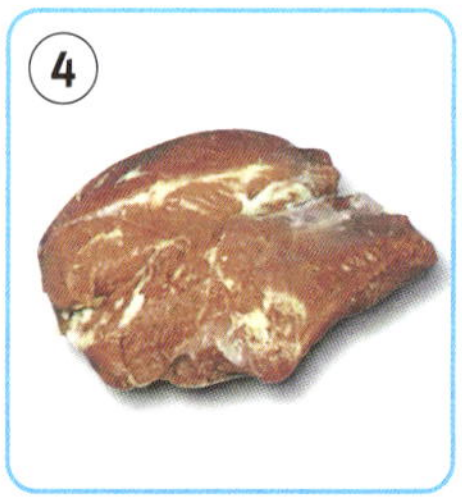

	Fleischteile	Verwendung
1		
2		
3		
4		
5		

7 Was verstehen Sie unter folgenden Begriffen?

Wiener Schnitzel:

Cordon bleu:

Saltimbocca:

Osso buco:

Ungeregelter Verlauf der Fleischreifung I

Bei der Zerlegung von Schweinefleisch haben Sie schon oft festgestellt, dass sich um das Fleisch herum eine Fleischsaftlache bildet. Sie suchen nach einer Erklärung.

1 Fertigen Sie anhand der drei unten stehenden Messreihen, in denen der pH-Wert des Fleisches stündlich ermittelt wurde, ein Kurvendiagramm an.
Zeichnen Sie die Kurvenverläufe der Messreihen 1 bis 3 in das Diagramm ein. Werten Sie die Kurvenverläufe aus und stellen Sie am Verlauf fest, um welches Fleisch (PSE-Fleisch, DFD-Fleisch, normales Fleisch) es sich möglicherweise handeln kann. Geben Sie außerdem die Bedeutung und Übersetzung von PSE und DFD an.

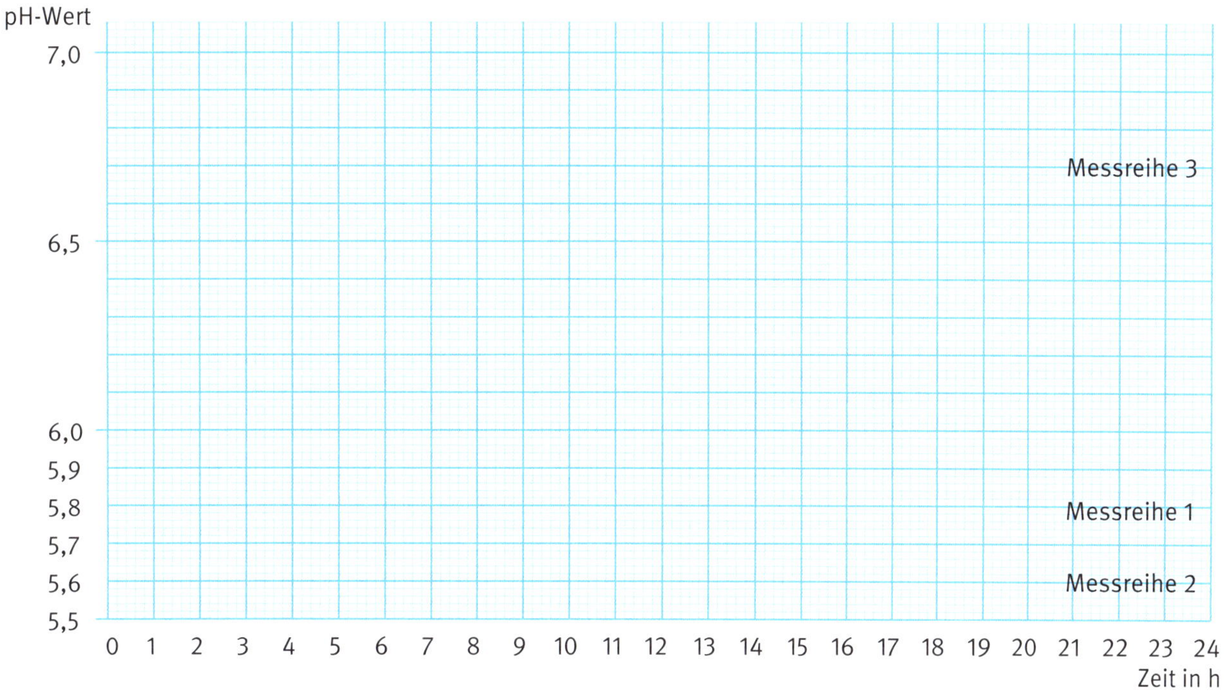

Zeit in h	Messreihen (pH-Wert) 1	2	3
1	6,75	6,10	6,89
2	6,60	5,91	6,86
3	6,50	5,85	6,84
4	6,43	5,82	6,83
5	6,35	5,80	6,81
6	6,28	5,78	6,80
7	6,22	5,75	6,79
8	6,18	5,73	6,77
9	6,12	5,72	6,76
10	6,07	5,71	6,75
11	6,05	5,69	6,74
12	5,98	5,68	6,73
13	5,94	5,66	6,72
14	5,90	5,65	6,70
15	5,87	5,63	6,69
16	5,84	5,62	6,68
17	5,81	5,60	6,67
18	5,79	5,58	6,66
19	5,77	5,57	6,65
20	5,74	5,56	6,64
21	5,72	5,55	6,63
22	5,71	5,53	6,62
23	5,70	5,52	6,61
24	5,69	5,51	6,60

Auswertung

Messreihe 1:

Messreihe 2:

Messreihe 3:

Name: Klasse: Datum:

Ungeregelter Verlauf der Fleischreifung II

2 Stellen Sie die Nachteile und deren Ursachen von PSE- und DFD-Fleisch gegenüber.

	PSE-Fleisch	DFD-Fleisch
Nachteile:		
mögliche Ursachen:		

3 Nennen Sie Möglichkeiten zur Kompensierung der Nachteile von PSE- und DFD-Fleisch.

4 Ergänzen Sie den Lückentext. Setzen Sie die unten im Kasten vorgegebenen Begriffe ein.

Wird Rind- oder Schweinefleisch während der ___ durch Kühlung auf Temperaturen ‹ 14 °C heruntergekühlt, kann der sogenannte ___-Effekt (Kälteverkürzung) eintreten, eine nicht umkehrbare Fleischzähigkeit, die auch durch anschließende ___ nicht beseitigt werden kann. Das bedeutet, dass die Muskeln ___ und in der zusammengezogenen Stellung verbleiben. Dieses Fleisch ist nach der ___ Behandlung wie z. B. Kochen, Braten oder Dünsten noch ausgesprochen ___. Es wird angenommen, dass für diesen Ablauf ___ Vorgänge im Muskel verantwortlich sind, da diese Erscheinung in gut ___, demzufolge mit viel Sauerstoff angereicherten Muskelzellen kaum bzw. gar nicht auftritt. Derartige Erscheinungen kann man durch vier Methoden vermeiden: **1.** Schlachttiere sind vor der ___ ausreichend zu ___. **2.** Gezielte Steuerung der ___ bis zur Muskelstarre. **3.** ___ der Schlachttierkörper. **4.** Spezielle ___ der Schlachttierkörper, um bestimmte ___ zu beanspruchen bzw. andere zu entlasten.

kontraktieren – Aufhängung – zäh und trocken – Reifevorgänge – Muskelpartien – akklimatisieren – Schlachtung – Warmfleischphase – thermischen – durchbluteten – Elektrostimulierung – „cold shortening" – anaerobe – Kühlungsvorgänge

Phasen der Fleischreifung

Der neue Auszubildende bittet Sie, ihm zu erklären, warum das Fleisch frisch geschlachteter Tiere einige Zeit im Kühlraum hängen bleiben muss und nicht sofort zum Verkauf gelangt.

1 Erläutern Sie anhand der Tabelle die Phasen der Fleischreifung.

Zeit (in h)	Phasen	pH-Wert-Verlauf	Beurteilung	
0	Phase des schlachtwarmen Zustandes		Fleischbeschaffenheit:	
			Beweglichkeit der Knochen:	
			Geschmack des Fleisches:	
			Wasserbindevermögen:	
			Verwendung:	
6	Phase der Muskelstarre		Fleischbeschaffenheit:	
			Beweglichkeit der Knochen:	
			Geschmack des Fleisches:	
			Verwendung:	
12	Phase der maximalen Säuerung		Fleischbeschaffenheit:	
			Beweglichkeit der Knochen:	
			Geschmack des Fleisches:	
			Verwendung:	
36	Phase der Vollreife		Dauer bei Rindfleisch:	
			Dauer bei Schweinefleisch:	
			Fleischbeschaffenheit:	
			Beweglichkeit der Knochen:	
			Geschmack des Fleisches:	
			Wasserbindevermögen:	
			Verwendung:	
72				

2 Welche Vorteile bringt das Reifen im Vakuum mit sich?

Name: Klasse: Datum:

6 Präsentation und Verkauf von Rindfleisch I

Ihre Fleischerei möchte den Kunden verstärkt Rindfleischgerichte für „jeden Geschmack" anbieten. Ihr Chef bittet Sie, zunächst ein Rindfleischgericht auszuwählen und zuzubereiten, das den Kunden als Thekenblickfang präsentiert werden soll.

1 Um sich einen ersten Überblick über die Vielzahl der Rindfleischgerichte zu verschaffen, erstellen Sie für jedes der aufgeführten Restaurants eine Speisekarte mit jeweils fünf Gerichten aus Rindfleisch.

Wirtshaus Zur Goldenen Nuss 	**Restaurant La Délice** 	**Steakhaus Nusse** 

2 Entscheiden Sie sich für eines der drei Restaurants und wählen Sie zu jedem Gericht eine Sättigungsbeilage sowie Gemüse und/oder Salat aus.

3 Wählen Sie ein Gericht aus der Speisekarte Ihrer Wahl aus und recherchieren Sie in der Literatur oder im Internet nach einem Rezept.

4 Erstellen Sie auf einem Extrablatt einen Herstellungsablaufplan für das ausgewählte Gericht.

5 Wie würden Sie Ihr Gericht mit Sättigungsbeilage und Gemüse als Thekenblickfang präsentieren?

Präsentation und Verkauf von Rindfleisch II

Das Rindfleischgericht, welches Sie seit Neuestem den Kunden anbieten, kommt sehr gut an. Viele Kunden fragen aber auch nach bekömmlichen und fettarmen Kalbfleischgerichten. Für ein Altenheim, das Sie beliefern, sollen Sie in jeder Woche zwei Kalbfleischgerichte anbieten. Eines der Gerichte präsentieren Sie dann auch in Ihrer Heißen Theke.

1 Verschaffen Sie sich zuerst mithilfe des Fachbuches und des Internets einen Überblick über die Vielzahl an Kalbfleischgerichten. Wählen Sie für einen Monat acht unterschiedliche Kalbfleischgerichte für das Altenheim und Ihre Heiße Theke aus. Beschreiben Sie außerdem die Verarbeitung und geben Sie eine Sättigungs- und Gemüsebeilage an.

Fleischteil	Verarbeitung zu	Sättigungsbeilage	Gemüsebeilage

2 Wählen Sie zwei Gerichte für eine Woche aus und suchen Sie aus dem Internet oder Ihrem Fachbuch die entsprechenden Rezepte.
a) Notieren Sie die Rezepte auf einem Extrablatt.
b) Berechnen Sie die Zutatenmengen für Ihre Rezepte für je 50 Personen (Seniorenportionen).

3 Erstellen Sie auf einem Extrablatt in Stichpunkten einen Herstellungsablaufplan für die beiden ausgewählten Gerichte.

4 Erläutern Sie auf einem Extrablatt, wie Sie Ihre beiden Gerichte mit Sättigungsbeilage und Gemüse als Thekenblickfang präsentieren würden.

Name: Klasse: Datum:

6 Komplexe Aufgabe zur Prüfungsvorbereitung

Ein Fleischermeister plant, im Rahmen seines Werbekonzeptes Rindfleischaktionswochen durchzuführen. Dabei möchte er das Limousin-Rind in seinen Geschäften bekannter machen. Er bezieht die Rinderviertel von einem befreundeten Landwirt, der sich auf die Mast von Limousin-Rindern spezialisiert hat. Wie bisher auch, möchte der Fleischermeister ausschließlich Färsenfleisch vermarkten. Er bestellt zwei Wochen vor Beginn der Aktionswochen drei Limousins und lässt sie in einem separaten Kühlhaus zwei Wochen hängen. Das Gewicht der drei Limousins beträgt geschlachtet als Kaltschlachtgewicht:
1. Rind: 334,7 kg; 2. Rind: 336,8 kg; 3. Rind: 348,3 kg. Der Preis beträgt je Kilo 3,95 €.
Aus Vergleichskalkulationen weiß der Fleischermeister, dass mit einem täglichen Gewichtsverlust von ca. 0,5 % zu rechnen ist. Der Klassifizierer hat alle drei Limousins mit der Kennzeichnung E U 3 versehen.

1. Beschreiben Sie, woher die Limousins ursprünglich stammen und zu welcher Kategorie – Milchrind, Fleisch-/Milchrind (Zweinutzungsrasse) oder Fleischrind – sie gehören. Beschreiben Sie außerdem die besonderen Merkmale der Limousins.

2. Erläutern Sie den Begriff „Färsen" und geben Sie deren durchschnittliches Alter an. Überlegen Sie anschließend, warum der Fleischermeister für seinen Betrieb Färsenfleisch bevorzugt.

3. Beantworten Sie die Fragen zur Handelsklasse:
a) Was bedeutet die Handelsklasse E U 3?
b) Welche anderen Kategorien und Handelsklassen werden bei Rindfleisch unterschieden?

4. Erklären Sie, warum der Fleischermeister die 12 Limousinviertel 14 Tage hängen lässt und dies in einem separaten Kühlraum. Was passiert während dieser 2 Wochen in dem Fleisch?

5. Berechnen Sie den Rechnungsbetrag bei 2 % Skonto bei Zahlung innerhalb von 4 Tagen.

6. Die Viertel verlieren in den ersten 5 Tagen 2,5 %, in den nächsten 5 Tagen 2 % und in den letzten 4 Tagen 1,5 % ihres Gewichts. Wie schwer sind die 12 Viertel nach 14 Tagen unmittelbar vor der Zerlegung?

7. Rindfleisch lässt sich je nach Verwendung in folgende vier Gruppen einteilen: Kurzbrat-, Braten-, Kochfleisch- und Suppenfleischstücke. Nennen Sie für jede Gruppe fünf Fleischteile.

8. Der große Verkaufsschlager der Fleischerei sind Rouladen. Erstellen Sie für die Kunden ein Merkblatt für die Zubereitung von Rouladen. Geben Sie auch die Gartemperatur sowie Garzeit an und machen Sie Vorschläge für Beilagen.

9. Formulieren Sie, warum mageres Rindfleisch für die Ernährung so wertvoll ist. Erläutern Sie in diesem Zusammenhang auch die Bedeutung von Eiweiß und Mineralstoffen für die Ernährung.

10. Die Tierische Lebensmittelhygiene-Verordnung (Tier-LMHV) vom 8. August 2007 regelt u. a. die Herstellung und Behandlung von Hackfleisch und Fleischzubereitungen außerhalb der EU-Verordnung 853/2004, also den Verkauf von losem Hackfleisch in Fleischereien und Einzelhandelsbetrieben mit angeschlossenem Frischfleischverkauf.
a) Welche Anforderungen werden hierbei an die Herstellung von Hackfleisch gestellt?
b) Welche Temperaturbestimmungen gelten in Bezug auf das Fleisch für Hackfleisch?
c) Welche Fleischteile des Rindes eignen sich besonders für Rinderhackfleisch bzw. Beefsteakhack?
d) Wie beurteilen Sie in diesem Zusammenhang das Vorgehen des Fleischermeisters, die Rinderviertel in einem separaten Kühlraum 14 Tage reifen zu lassen?

11. Ein Kunde wundert sich, warum Sie als Fachbetrieb kein unverpacktes Geflügelhack an Verbraucher abgeben dürfen. Erklären Sie ihm, warum nur Einzelhandelsunternehmen abgepacktes Geflügelhack mit einer Haltbarkeitsdauer von rund sechs Tagen verkaufen dürfen.

12. Zählen Sie Werbeaktionen auf, die für die Rindfleischaktionswoche geeignet sind. Entwerfen Sie außerdem einen Flyer, in dem das Fleisch des Limousins im Mittelpunkt steht.

13. Im Rahmen der Werbeaktion sollen auch T-Bone-Steaks angeboten werden. Geben Sie an, woraus die Steaks nach den Leitsätzen für Fleisch und Fleischerzeugnisse geschnitten werden dürfen, und beschreiben Sie das Fleischteil. Besteht nach den Leitsätzen ein Unterschied zum Porterhouse-Steak?

14. Bevor die Aktionswochen beginnen, schulen Sie Ihr Verkaufspersonal im Hinblick auf die Kundenberatung.
a) Welche zwei grundlegenden Frageformen werden im Verkaufsgespräch unterschieden?
b) Welche weiteren Fragearten werden im Verkaufsgespräch eingesetzt?
c) Wie sollte auf den schweigsamen Kundentypen in Bezug auf den Verkauf von Limousin-Rindfleisch reagiert werden?

Herstellen von Rohpökelwaren I

Sie kaufen mit Ihrer Freundin im Supermarkt ein. Vor dem Wurst- und Schinkenregal bleiben Sie stehen. Ihre Freundin möchte von Ihnen wissen, ob der Rohschinken wirklich roh ist, obwohl „geräuchert" auf der Verpackung steht.

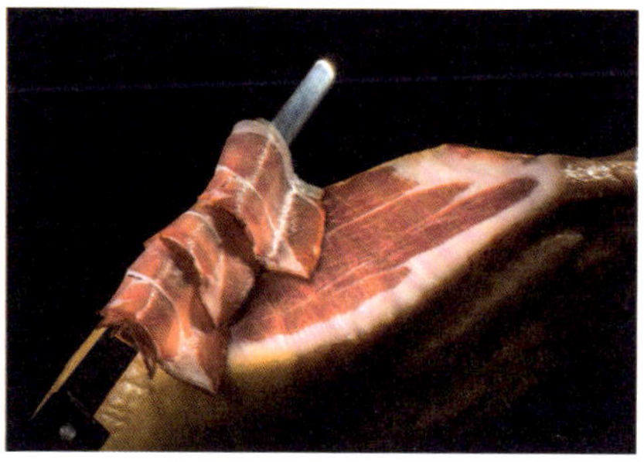

1 Informieren Sie sich im Internet oder in der Fachliteratur, in welche zwei Gruppen die Rohpökelwaren nach den Leitsätzen unterteilt werden. Benennen Sie diese und geben Sie zu jeder Gruppe vier Beispiele an.

Rohpökelwaren LSKZ 2.4	
2.4.1 Bezeichnung:	**2.4.2 Bezeichnung:**

2 Sie sollen zusammen mit Ihrem Chef einen Lachsschinken herstellen und dafür einen entsprechenden Rohling aus dem Kühlraum holen. Zuvor überlegen Sie, welche Anforderungen an das Fleisch zur Herstellung von Rohpökelwaren gestellt werden.

Rohling

3 Während der Qualitätsbeurteilung sollen Sie Ihrem Chef erläutern, warum sich Rohpökelwaren auch als Fertigware immer noch im rohen Zustand befinden.

4 Nennen Sie fünf objektive Qualitätsmerkmale für verkehrsfähige Rohpökelware.

Name: Klasse: Datum:

Herstellen von Rohpökelwaren II

5 Bei der Rohschinkenherstellung ist ein „Durchbrennen“ notwendig. Geben Sie die Gründe hierfür an.

6 Rohpökelwaren sind wertvolle Produkte. Sie bedürfen daher einer besonderen Warenpflege. Welche Auswirkungen kann die Nichteinhaltung der angegebenen Parameter mit sich bringen?

Parameter	Auswirkungen bei Nichteinhaltung
Lagertemperatur 8 °C bis 18 °C	– höhere Temperatur – niedrigere Temperatur
relative Luftfeuchte 70 % bis 80 %	– höhere Luftfeuchte – geringere Luftfeuchte
keine zu hohe Luftgeschwindigkeit	
ständige Frischluftzufuhr	
kein direktes Sonnenlicht	
keine zu lange Lagerung	

7 Fleischermeister Nusse fertigt aus einer 12,3 kg schweren Keule einen Knochenschinken. Diese hat er zum Preis von 3,76 €/kg eingekauft. Der Anteil ausgelöster Knochen beträgt 8 %. Durch das Trockenpökeln entsteht ein 5,7 %iger Verlust. Nach dem Pökeln erfolgt das Parieren, wobei 320 g Abschnitte anfallen. Beim Räuchern wird ein Verlust von 8,5 % registriert. Wie hoch ist der Ladenpreis anzusetzen, wenn der Rohertrag mit 145 % festgelegt ist und die gesetzliche Mehrwertsteuer berücksichtigt werden muss?

Salzen und Pökeln I

Ein guter, aber etwas streitbarer Kunde spricht Sie über den Tresen an: „Es weiß doch mittlerweile jedes Kind, dass Nitrit eine giftige Substanz ist. Wieso verwenden Sie es dennoch bei den meisten Fleischerzeugnissen?“ Sie informieren den Kunden sachlich über die Wirkungen und lebensmittelrechtlichen Bestimmungen sowie gesundheitsrelevanten Aspekte der Pökeltechnologie.

1 Unterscheiden Sie die Begriffe Salzen und Pökeln.

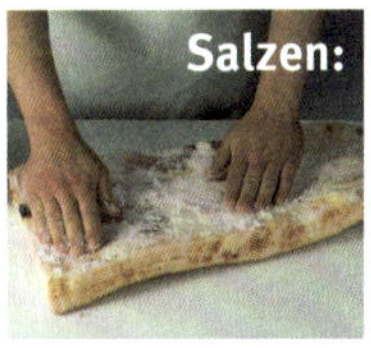

2 Welche erwünschten Wirkungen werden beim Pökeln erzielt? Wodurch werden diese Wirkungen hervorgerufen?

Wirkung:				
hervorgerufen durch:				

3 Man sagt, der Mensch sei ein „Augentier“ oder der Mensch „isst mit den Augen“. So ist es zu verstehen, dass von den erwünschten Eigenschaften des Pökelns der „farbbildenden Wirkung“ die größte Bedeutung zukommt. Beschriften Sie das Schema zur Umrötung mit Salpeter und Nitrit und erklären Sie es danach.

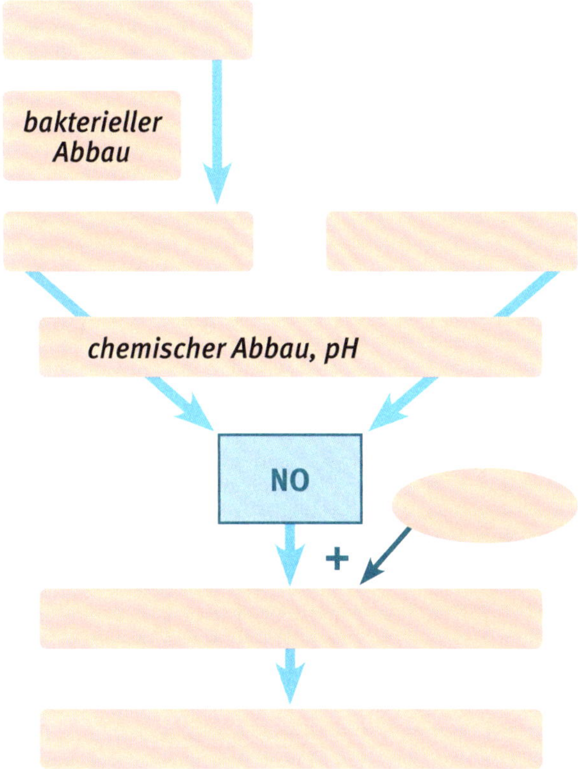

Name: Klasse: Datum:

7 Salzen und Pökeln II

4 Unterscheiden Sie die Pökelstoffe von den Pökelhilfsstoffen und geben Sie jeweils zwei Beispiele an.

Pökelstoffe:		**Beispiele:**	
Pökelhilfsstoffe:		**Beispiele:**	

5 Führen Sie folgenden Versuch durch: Lösen Sie $NaNO_2$ (Natriumnitrit) in Wasser auf und geben Sie $C_6H_8O_6$ (Ascorbinsäure) hinzu.

a) Was beobachten Sie? Geben Sie dazu eine Erklärung.

Beobachtung:

Erklärung:

b) Warum sollte zur Lakepökelung niemals Ascorbinsäure genommen werden?

6 Lösen Sie das folgende Rätsel zum Pökeln.

1 Pökelverfahren
2 Kochpökelfleischerzeugnis von „Marktbedeutung"
3 Umrötungshilfsstoff
4 Ausgleich der Salzkonzentration im Rohschinken
5 Kochschinken mit Knochen
6 Rohpökelware, die mit unterbrochener Zufuhr schwachen Rauches erstellt ist
7 Andere Fachbezeichnung für Nitrosomyoglobin
8 Rohpökelware, bei der der Röhrenknochen erst nach der Salzung entfernt wird
9 Wird für Nasspökelelung verwendet
10 Kochpökelware
11 Rohpökelware, die nicht mehr als 65% Wasseranteil im Kern haben darf
12 Rohpökelware vom Rind
13 Bezeichnung für das Dauerpökelrot
14 Erwünschte Wirkung beim Pökeln
15 Ihm können noch Teile der dünnen Sehnenplatte (Silberhaut) anhaften
16 Stoff, der beim Pökeln Verwendung findet

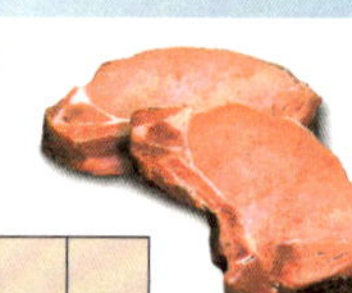

Diffusion und Osmose

Der neue Auszubildende fragt Sie: „Wie kommt eigentlich das Salz in das Innere eines Schinkens?“ Sie antworten „Es findet eine Diffusion und gleichzeitig eine Osmose statt.“ Da er Sie immer noch fragend anschaut, erläutern Sie ihm die Zusammenhänge.

1 Eine Diffusion findet in vielen Lebensmitteln statt. Definieren Sie die Diffusion.

2 Beschreiben Sie mithilfe des folgenden Versuchs den Vorgang der Diffusion.

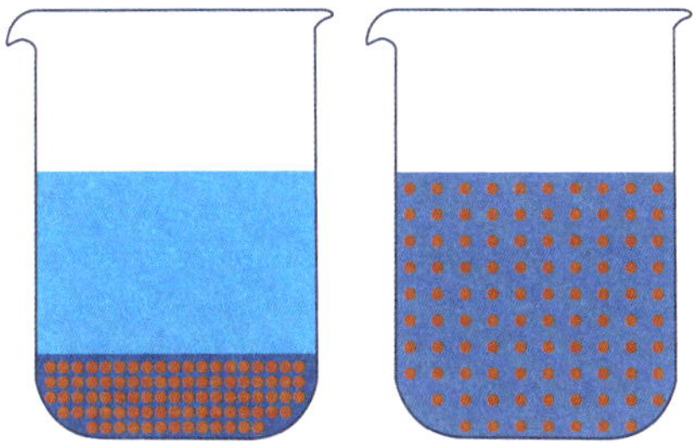

Schütten Sie mit Tinte eingefärbtes kristallines Kochsalz in ein Gefäß mit Wasser. Lassen Sie das Gefäß und die Flüssigkeit unberührt stehen.

3 Bei der Reifung des Schinkens findet auch eine Osmose statt. Erläutern Sie den Unterschied zwischen Diffusion und Osmose.

4 Erläutern Sie, was in der Zeichnung dargestellt wird.

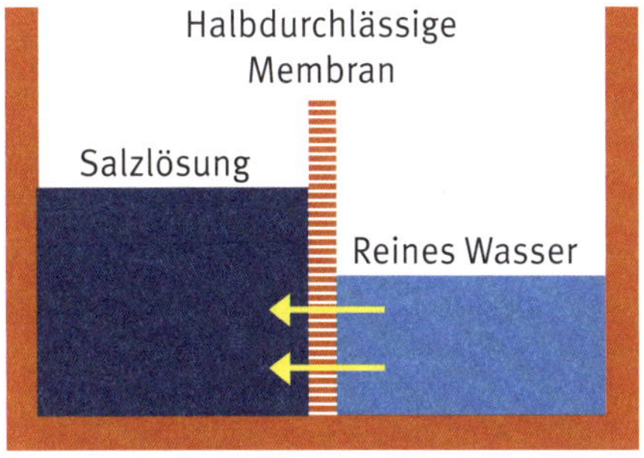

5 Stellen Sie fest, welche Bedingung geändert wurde, und erklären Sie den Vorgang.

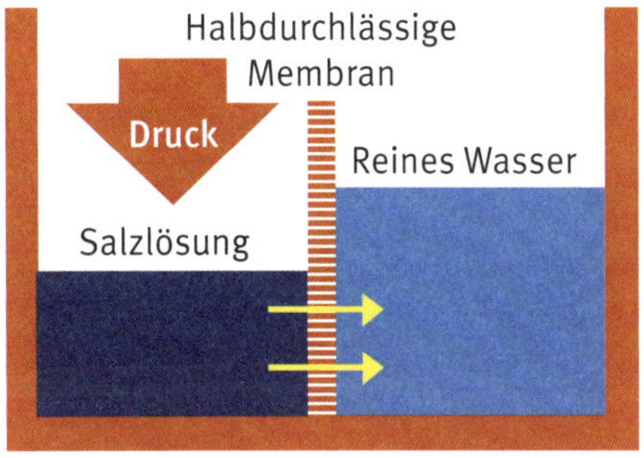

Name: Klasse: Datum:

7 Osmotische Wirkung

Sie wundern sich, dass die Schinkenrohlinge nach dem Trocken- bzw. Nasspökeln mehr oder weniger große Masseverluste aufweisen. Deshalb informieren Sie sich darüber, wie es dazu kommen kann.

1 Erklären Sie, warum ein Pökelrohling beim Trocken- bzw. Nasspökeln an Gewicht verliert.

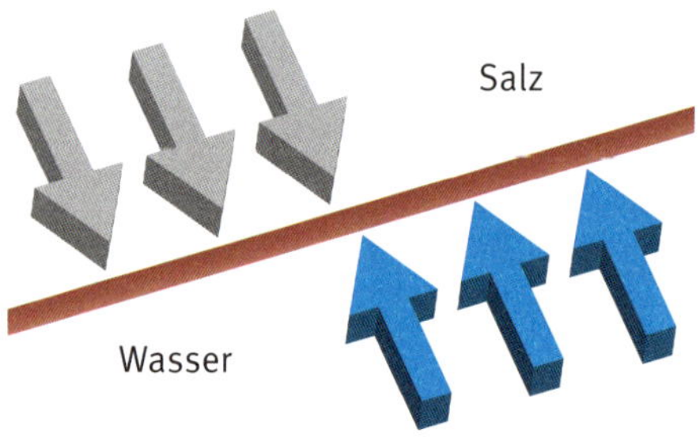

2 Osmotische Vorgänge wirken sich unter anderem auf die Haltbarkeit und die Zubereitung von Lebensmitteln aus. Beschreiben Sie dies anhand von zwei Beispielen.

Salzen von Fleisch:

Kochen von Gemüse:

3 Die Zeichnung stellt die Umkehrosmose dar. Erläutern Sie die Besonderheit dieser Osmose und geben Sie ein Beispiel an.

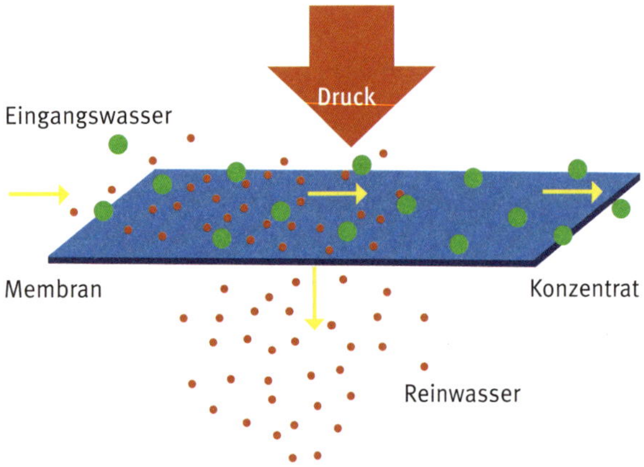

Beispiel:

Herstellen von Kochpökelwaren I

Sie haben in alten Fachbüchern gelesen, wie Kochpökelwaren traditionell hergestellt wurden. In Ihrem Ausbildungsbetrieb vergleichen Sie diese Information mit der heutigen Herstellung von Kochpökelwaren.

1 Das für die Herstellung von Kochpökelwaren verwendete Fleisch muss bestimmte Anforderungen erfüllen. Zählen Sie diese auf.

2 Beim Schnellpökeln wird die Pökellake mithilfe spezieller Verfahren eingebracht. Benennen Sie die beiden wichtigsten Verfahren und unterscheiden Sie diese.

Verfahren	Werkzeug	Einspritzort	Beispiel

3 Zur Stabilisierung der Umrötung des Fleisches wird oft Natriumascorbat zugefügt. Diskutieren Sie, ob eine Zugabe von Ascorbinsäure besser wäre.

4 Um die erreichte Qualität der Kochpökelwaren lange zu erhalten, ist eine entsprechende Warenpflege notwendig. Tragen Sie die notwendigen Lagerbedingungen ein.

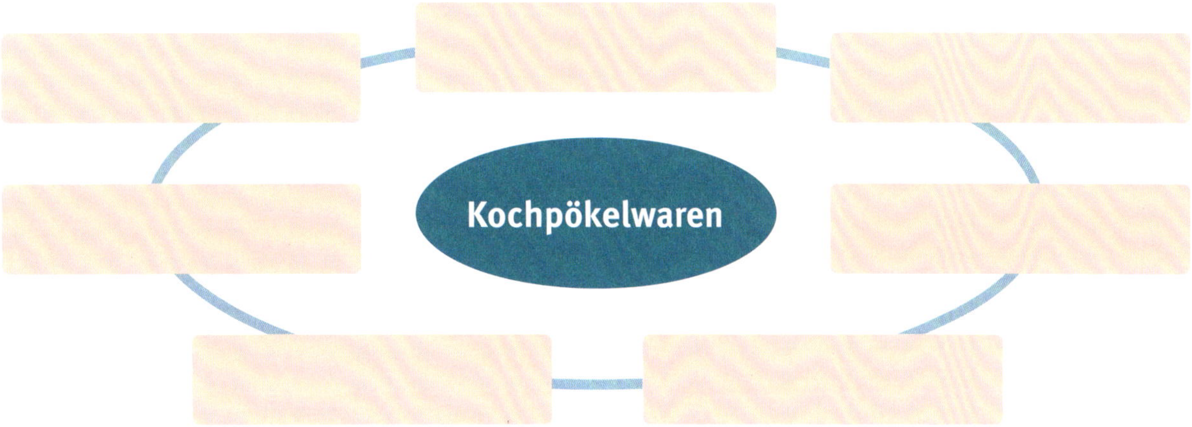

Name: Klasse: Datum:

Herstellen von Kochpökelwaren II

5 Vervollständigen Sie das Schema über die Herstellung von Kochschinken.

Technologischer Abschnitt	Verfahrensvorgaben und Erläuterungen	
Zurechtschneiden der Rohlinge	T_K Fleisch:	
	Bearbeitung:	
Lake einspritzen	Lakekonzentration:	
	Lakemenge:	
in Lake legen	Zeitdauer:	
	Ziel:	
Warmräucherung	Temperatur:	
	Ziel:	
in Schinkenkocher legen	Ziel:	
Garen des Schinkens	Temperatur:	
	Zeitdauer:	
Abkühlen und Abwaschen	Ziel:	
Fertigerzeugnis	Zeitdauer:	

6 Es sollen 32 kg Kochschinken mit einer 12 %igen Lake gespritzt werden. Wie viel Kilogramm Pökelsalz und Wasser sind notwendig, wenn die Lakemenge 18 % der Schinkenmasse beträgt?

Räuchern I

Eine Kundin möchte von Ihnen als Fachmann darüber aufgeklärt werden, welche gesundheitlichen Risiken sie beim Verzehr von geräucherten Fleischerzeugnissen eingeht. Sie geben der Kundin entsprechende Informationen über die Wirkungen, die lebensmittelrechtlichen Bestimmungen und die Technologie beim Räuchern.

1 Finden Sie heraus, wie die Aromenverordnung eines der ältesten Haltbarmachungsverfahren definiert, indem Sie die Lücken in den folgenden Zeilen ausfüllen.

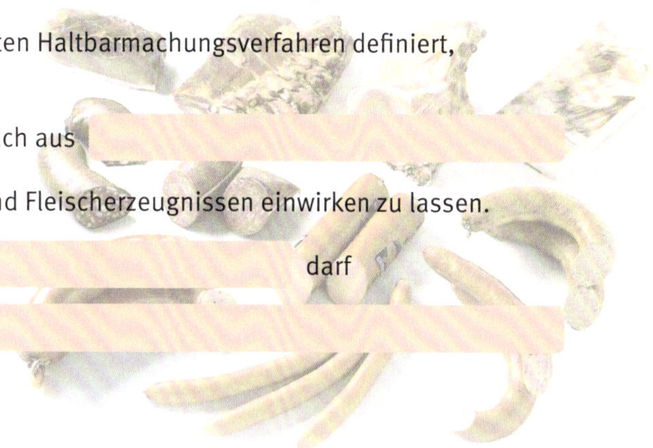

Räuchern heißt ____________ Rauch aus ____________

Hölzern auf die ____________ von Fleisch und Fleischerzeugnissen einwirken zu lassen.

Der durchschnittliche Gehalt des geräucherten Fleisches an ____________ darf

1 ppb (____________) = ____________

nicht überschreiten.

2 Die erwünschten Wirkungen beim Räuchern werden durch bestimmte, im Räucherprozess entstehende chemische Verbindungen hervorgerufen.

a) Welche erwünschten Wirkungen werden beim Räuchern erzielt? Wodurch werden diese Wirkungen hervorgerufen?

Wirkung:				
hervorgerufen durch:				

b) Welche unerwünschten Wirkungen können vom Räuchern ausgehen?

c) Was kann der Fleischer tun, um die erwünschten Wirkungen zu erzielen, aber gleichzeitig die unerwünschten Wirkungen zu vermeiden? Zählen Sie die wichtigsten Punkte auf.

3 Unterscheiden Sie die Verfahren zur Rauchbehandlung anhand folgender Merkmale.

Merkmale	Verfahren zur Rauchbehandlung: Kalträucherung	Heißräucherung	Klimaräucherung
Anwendung bei			
Temperatur in °C			
relative Luftfeuchtigkeit in %			
Räucherdauer			

Name: Klasse: Datum:

4 Erläutern Sie die Notwendigkeit und die Wirkungsweise eines Rauchgaskatalysators.

Notwendigkeit:

Wirkungsweise:

5 Häufig werden in der fleischverarbeitenden Industrie Universal-Rauchanlagen eingesetzt. Beschreiben Sie die Funktionen dieser Anlagen.

6 Zählen Sie die Vorteile auf, die der Einsatz von Universal-Rauchanlagen für die Fleischerei hat.

7 Zur Raucherzeugung gibt es verschiedene Verfahren. Nennen und erläutern Sie kurz die Unterscheidungsmerkmale.

Bezeichnung	Erläuterung

Zusatzstoffe I

Immer wieder gib es neue Meldungen über Lebensmittelskandale. Ein Beispiel sind die Dioxine im Futtermittel und somit vor allem im Fleisch von Schweinen und Geflügel. Sie fragen sich, ob Zusatzstoffe ähnliche Gefahren bergen und inwieweit die Lebensmittel durch die Verwendung von Zusatzstoffen manipuliert werden.

1 Was sind Zusatzstoffe? Suchen Sie im Lebensmittel- und Futtermittelgesetzbuch nach der Definition des Begriffs „Zusatzstoffe".

2 Der Gesetzgeber hat drei Verordnungen erlassen, die den Einsatz von Zusatzstoffen und Zutaten regeln. Ordnen Sie diese folgenden Zusatzstoffen bzw. Zutaten zu. Tragen Sie jeweils den richtigen Buchstaben ein. Zusatzstoff-Zulassungsverordnung = Z; Fleisch-Verordnung = F; Aromenverordnung = A.

Milch | Rauch | Nitrit | Mono- und Diglyceride | Grütze | Carotine | Eier

Phosphate | Stärke | Ascorbinsäure | Zitrate | Stickstoff | Gelatine | Käse

Blutplasma | Carrageen | Johannisbrotkernmehl | Rosinen | Betenrot

3 Für die Regelung der Zugabenmenge gibt es drei Varianten: Höchstwerte, Grenzwerte und quantum satis.

a) Geben Sie Zusatzstoffe an, für die es Höchstwerte gibt.

b) Tragen Sie in die Tabelle ein, welche Grenzwerte es zum Zeitpunkt der Abgabe an den Endverbraucher für den Zusatzstoff Nitrit gibt, und für welche Fleischerzeugnisse sie gelten.

Grenzwerte	Zusatzstoffe	Fleischerzeugnisse und Beispiele

c) Erläutern Sie den Begriff „quantum satis" und seine Bedeutung für den Fleischer.

„quantum satis" heißt:

Bedeutung für den Fleischer:

4 Streichen Sie Nichtzutreffendes über die Zulassung von Zusatzstoffen durch.

Zusatzstoffe in der Fleischerei werden gesetzlich nur zugelassen, wenn
- der Stoff mehr als drei Jahre getestet wurde
- die Verbraucher durch die Verwendung nicht getäuscht werden
- eine technologische Notwendigkeit besteht
- die gesundheitlichen Risiken für den Verbraucher überschaubar sind
- der Stoff das Allergierisiko in Grenzen hält
- seine Verwendung gesundheitlich unbedenklich ist

Name: Klasse: Datum:

Zusatzstoffe II

Spaßvögel behaupten oft: „Die Kunst des Fleischers besteht darin, Wasser schnittfest zu machen." Dabei ist Wasser (Eisschnee) für die Brühwursttechnologie unverzichtbar. Stimmt das auch für Spalla Cotta?

1 Sie finden unten ein Originalzutatenverzeichnis einer Fertigpackung. Schreiben Sie die Zusatzstoffe aus demZutatenverzeichnis heraus und füllen Sie die Tabelle aus. Nehmen Sie das Fachbuch oder die gesetzlichen Vorschriften zur Hilfe.

Handelsbezeichnung	Zuordnung laut ZZulV	Verwendung	Wirkungsweise	Höchstmenge	Kennzeichnung bei losem Verkauf
Stärke	Pflanzeneiweiß, Stärke laut Fleisch-Verordnung	Brät für Fleischsalatgrundlage und küchenfertig vorbereitete Fleischerzeugnisse, Kochschinken, Fleisch im eigenen Saft, Corned Beef	Verfestigung bzw. Verkleisterung des eingespritzten Trinkwassers (Lake)	qs	keine, ausgenommen Kochschinken, Fleisch im eigenen Saft, Corned Beef

Grundlagen der Sensorik

In Ihrem Betrieb findet eine Schulung über die eigenverantwortliche Prüfung der hergestellten Produkte statt. Der Fleischermeister gibt Ihnen die Aufgabe, sich über die sensorische Wahrnehmung zu informieren.

1 Definieren Sie den Begriff „Sensorik".

2 Die Sensorik unterscheidet vier grundsätzliche Wahrnehmungsformen bzw. Anforderungen. Was genau wird bei den jeweiligen Anforderungen wahrgenommen?

- visuell ⇒
- haptisch ⇒
- olfaktorisch ⇒
- gustatorisch ⇒

3 Die menschliche Zunge besitzt zahlreiche Geschmacksrezeptoren, mit denen sich die vier Geschmacksrichtungen erkennen lassen. In welcher Zone lässt sich welcher Geschmack lokalisieren und durch welche Stoffe werden die Geschmackswahrnehmungen ausgelöst?

Symbol:	Geschmack:	Auslöser:
△ (weiß)		
▲ (blau)		
▲ (gelb)		
▲ (grün)		
▲ (violett)		

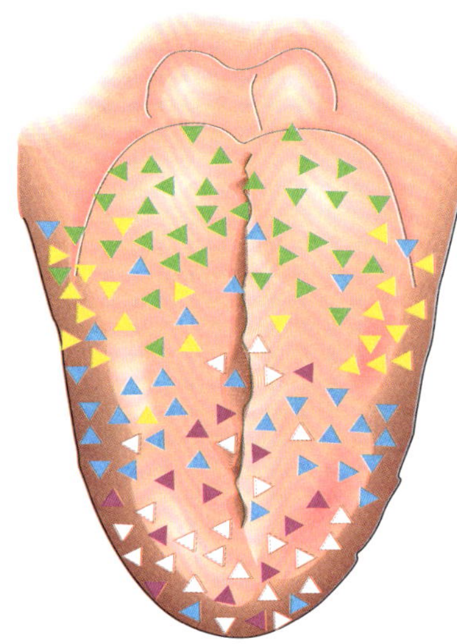

4 Neben dem Geschmackssinn ist auch der Geruchssinn von großer Bedeutung. So kann der Mensch etwa 10.000 verschiedene Gerüche wahrnehmen, jedoch nur etwa 350 genau benennen. Nennen Sie zu den Grundgeruchsarten jeweils ein Beispiel nach Möglichkeit aus der Fleischerei.

blumig		fruchtig	
grün		würzig	
holzig		harzig	
animalisch		erdig	

5 Der Einsatz von Aromen bedarf einer genauen Dosierung, um die Wirkung zielsicherer zu gestalten. Dazu müssen Aromen an Trägersubstanzen gebunden werden. Nennen Sie drei derartige Trägersubstanzen.

Name: Klasse: Datum:

Präsentation und Verkauf von Koch- und Rohpökelwaren I

Nach den umsatzstarken Spargelwochen, in denen viel Schinken verkauft wurde, ist der Umsatz an Schinken nun stark zurückgegangen. Gemeinsam mit Ihren Kolleginnen und Kollegen sollen Sie Ihrem Chef Vorschläge machen, wie der Verkauf wieder angekurbelt werden könnte.

1 Nennen Sie verschiedene Themen für Aktionswochen, mit denen vorwiegend Roh- und Kochpökelwaren beworben werden.

Länderwochen	Regionalwochen	Antipasti-Wochen	Büfett-Wochen

2 Ermitteln Sie durch Literatur- oder Internetrecherche verschiedene Produkte aus dem Sortiment der Roh- und Kochpökelwaren, die Sie während der italienischen Woche präsentieren können.

Produkte:

3 Wählen Sie drei Koch- und drei Rohpökelwaren aus und beschreiben Sie diese mit den entsprechenden Verkaufsargumenten.

Kochschinkenwaren	Verkaufsargumente

Rohpökelwaren	Verkaufsargumente

4 Entwerfen Sie ein A3-Plakat zu einer Aktionswoche, auf dem ein Roh- oder Kochpökelwarenprodukt mit Verkaufsargumenten hervorgehoben wird, z. B. zur Schwarzwälder Woche „Schwarzwälder Schinken – würzig und mager – ein Hochgenuss – 100 g nur 1,99 €“. Beachten Sie dabei die richtige Aufteilung.

5 Während einer italienischen Woche möchte Ihr Chef täglich wechselnde Antipasti mit Roh- und Kochpökelwaren anbieten. Sie sollen ihm sechs Vorschläge für die Rezepte und Präsentation machen. Ziehen Sie für die Beantwortung der Aufgabe das Internet und die Literatur zurate.

Montag	
Dienstag	
Mittwoch	
Donnerstag	
Freitag	
Samstag	

Name: Klasse: Datum:

7 Komplexe Aufgabe zur Prüfungsvorbereitung

Die Nachfrage nach Kochschinken und Rohschinken steigt ständig. Deshalb sollen Sie zusammen mit einer Kollegin Schweineober- und -unterschalen zu Kochschinken und zu Rohschinken verarbeiten.

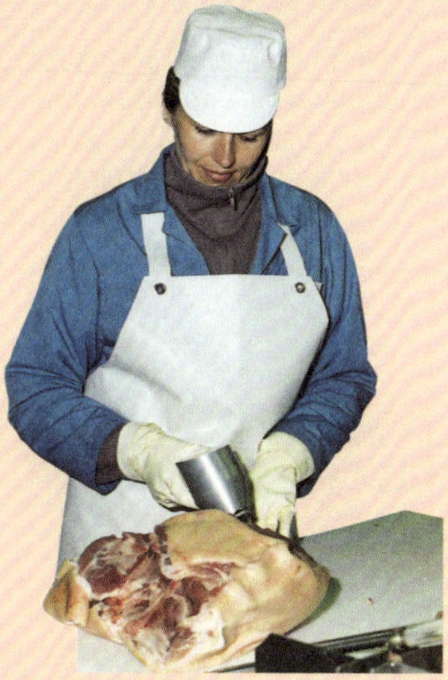

1. Um die jeweils günstigsten Rohwareneigenschaften für das jeweilige Produkt zu ermitteln, werden subjektive und objektive Verfahren eingesetzt. Nennen Sie diese Verfahren.

2. Erläutern Sie die infrage kommenden Pökelverfahren für Kochschinken. Begründen Sie dabei, weshalb das Aderspritzverfahren bei Ober- und Unterschalen nicht angewendet werden kann.

3. Erklären Sie die für Rohschinken geeigneten Pökelverfahren.

4. Geben Sie an, welche Zusatzstoffe Sie der Lake zusetzen, und begründen Sie den Zusatz.

5. Mit dem Einsatz eines Tumblers lässt sich die Qualität verbessern. Beschreiben Sie die Verbesserungen und die Programmierung des Tumblers.

6. Der Tumbler ermöglicht eine Qualitätsverbesserung. Es können durch das Tumbeln aber auch Produkte entstehen, die nicht der „Metzgerqualität" entsprechen. Beschreiben Sie mögliche negative Auswirkungen des Tumbelns.

7. Stellen Sie die erwarteten Produkteigenschaften eines Kochschinkens denen eines Rohschinkens gegenüber.

8. Bei der Herstellung der beiden Produkte werden folgende Gewichte ermittelt:

Kochschinken:		**Rohschinken:**	
5,945 kg	Frischgewicht	5,888 kg	Frischgewicht
6,837 kg	nach dem Spritzen	5,045 kg	nach 14 Tagen Salzen
6,459 kg	nach dem Tumblen	4,962 kg	nach 7 Tagen Brennen
5,865 kg	nach dem Garen	4,543 kg	nach 7 Tagen Räuchern

Berechnen Sie für den Kochschinken
a) die Gewichtszunahme in kg und % nach dem Spritzen
b) den Gewichtsverlust nach dem Tumbeln
c) den Gewichtsverlust in kg und % in Bezug auf das Frischgewicht

Berechnen Sie für den Rohschinken
a) die Gewichtsabnahme in kg und % nach den 14 Tagen Salzung
b) den Gewichtsverlust nach 7 Tagen Durchbrennen in Bezug zum Salzungsgewicht
c) den Gewichtsverlust in kg und % in Bezug auf das Frischgewicht

9. Berechnen Sie den Materialpreis je kg der jeweiligen Schinken (aus Aufgabe 8) im fertigen Zustand, wenn der Kilopreis für die frischen Schinken 4,90 € je kg betragen hat.

10. Stellen Sie die verschiedenen Räuchertechnologien und Räucherverfahren zusammen.
a) Entscheiden Sie, welches Verfahren bei der Räucherung für den Rohschinken angewendet wird, und geben Sie die Bedingungen an.
b) Welches Verfahren wäre geeignet gewesen, wenn der Kochschinken hätte leicht geräuchert werden sollen?

11. Entwickeln Sie Möglichkeiten der Präsentation für Roh- und Kochschinken. Erläutern Sie, was beim Verkauf dieser beiden Produkte zu beachten ist.

12. Der absolute Geheimtipp für Schinkenliebhaber ist der Jamón Ibérico vom Cerdo Ibérico (iberisches Schwein). In den letzten Jahren wurde dieser Schinken immer stärker beworben, obwohl es in Spanien nur 5 % iberische Schweine gibt. Beschreiben Sie die besonderen Merkmale dieses Schinkens und diskutieren Sie die Probleme und Folgen, die sich aus der intensiven Bewerbung des Schinkens und der geringen Anzahl an iberischen Schweinen ergeben könnten.

Kochwurst nach den Leitsätzen

Sie möchten wissen, welche technologischen Eigenschaften die überwiegend gekochten Ausgangsmaterialien für Kochwurst aufweisen, damit die Würste einerseits streichfähig und andererseits schnittfest sind.

1 Die Kochwürste sind unter der Leitsatzkennziffer 2.23 beschrieben. Ergänzen Sie den Lückentext.

Kochwürste sind ______ Wurstwaren, die vorwiegend aus gekochtem Ausgangsmaterial hergestellt werden. Nur beim Überwiegen von ______, ______ und ______ kann der Anteil an ______ Ausgangsmaterial vorherrschen.

Kochwürste sind in der Regel nur im ______ Zustand ______.

2 Nach den Leitsätzen werden die Kochwürste in drei Gruppen eingeteilt.

a) Bezeichnen Sie die drei Kochwurstgruppen in der fogenden Übersicht und ordnen Sie den Leitsatzkennziffern die Untergruppen der Kochwürste zu.

b) Welche Kochwürste sind auf den Fotos zu erkennen? Beschriften Sie die Bilder.

Kochwürste LSKZ 2.23

LSKZ 2.231

LSKZ 2.2311

LSKZ 2.2312

LSKZ 2.2313

LSKZ 2.232

LSKZ 2.233

LSKZ 2.2331

LSKZ 2.2332

LSKZ 2.2333

3 Wodurch kommen Schnittfähigkeit und Konsistenz der Kochwürste zustande? Ordnen Sie die Begriffe richtig zu:

erstarrte Gallertmasse (2 x) – zusammenhängend koaguliertes Bluteiweiß – zusammenhängend koaguliertes Lebereiweiß – emulgiertes, erstarrtes Fett

Leberwürste

Blutwürste

Sülzwürste

Name: Klasse: Datum:

8 Auswahl und Vorbehandlung der Kochwurstrohstoffe

Eine Kundin reklamiert eine Sülzwurst, da das Gemüse und Fleisch in der Sülzwurst ganz weich seien. Sie sollen daher einen Leitfaden für die Rohstoffverarbeitung bei Kochwürsten erstellen, damit dieser Fehler nicht wieder auftritt und auch die anderen Kochwürste in höchster Qualität angeboten werden.

1 Reihen Sie die folgenden Frischezustandsformen des Fleisches in die unten stehenden Eignungsstufen ein: schlachtwarmes Fleisch, gekühltes Fleisch, schlachtfrisches Fleisch, abgelagertes Fleisch

sehr gut geeignet: ______ **geeignet:** ______

gut geeignet: ______ **nicht geeignet:** ______

2 Die Ausgangsmaterialien für die Kochwurstherstellung werden in der Regel vorgegart. Ergänzen Sie die Tabelle.

Materialart	Umgebungs-temperatur	Kerntemperatur	Erläuterungen
Magerfleisch	*80–90 °C*	*65 °C*	*Brühen im Kochschrank mindert Gewichts- und Aromaverluste*
Fettgewebe			
Zungen			
Schweine-köpfe			
Schwarten			

3 Neben der Temperaturführung sind weitere handwerkliche Besonderheiten bei der Vorbehandlung der Rohstoffe zu beachten. Ergänzen Sie den Lückentext.

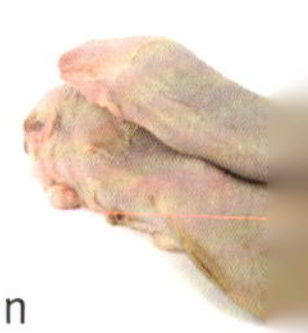

Schwarten und Köpfe zur Herstellung von Kochwürsten sollen frei von ______ und ______ sein. Von Schweinemasken werden außer Knochen und Knorpel die Ohrmuschel, ______ und ______ entfernt. Schwarten sollten auch ______ sein. Die Schleimhäute der ______ müssen auf jeden Fall entfernt werden. Blut und Schwarten müssen aus ______ Gründen frisch verarbeitet werden, da sie sehr schnell zu ______ neigen. Bei roten Kochwurstsorten müssen Köpfe und ______ nass gepökelt werden, um die gewünschte Farbe zu erhalten. Die Einhaltung der ______ ist von Bedeutung. Unterschreitung kann zu Fett- und ______ im Endprodukt führen. Hingegen sollten die Magerfleischeinlagen für die Blut- und ______ nicht zu weich gegart werden. Aus demselben Grund ist es ratsam, das Material vor dem Schneiden ______ zu lassen. Das erkaltete Einlagenmaterial wird vor dem Mischen mit der Blutschwartenmasse mit ______ abgeschwenkt.

Schleimhäute – erkalten – Magerfleisch – fettfrei – Klassifizierungsstempeln – Sülzwurstherstellung – hygienischen – Augäpfel – Zungen – Geleeabsatz – Borsten – Verderb – Kerntemperatur – heißem Wasser

Leberwürste I

Sie haben Ihren Chef beim Kuttern der Leberwurst beobachtet und fragen sich, warum er die Leber erst fein kuttert und sie dann dem Kutter entnimmt, um sie später wieder zuzusetzen.

1 Welche Erwartungen werden an die sensorische Qualität von Leberwürsten gestellt?

Kriterium	Feine Leberwurst	Grobe Leberwurst
Konsistenz		
Farbe mit NPS		
Geschmack		

2 Beschreiben Sie stichwortartig die Herstellung einer Kalbfleischleberwurst – LSKZ 2.2312.1.
Was ist bei den Arbeitsschritten besonders zu beachten?

Fleischbehandlung:

Leberverarbeitung:

Fleisch- und Fettverarbeitung:

Emulgieren:

Füllen:

Garen:

Kühlen:

Räuchern:

Name: Klasse: Datum:

3 Erläutern Sie , wann eine Leberwurst als Kalbsleberwurst und Kalbfleischleberwurst bezeichnet wird.

4 Tragen Sie die Leberanteile der einzelnen Qualitätsstufen von Leberwurst in die Tabelle ein und nennen Sie je zwei Beispiele.

	Spitzenqualität	Mittlere Qualität	Einfache Qualität
Leberanteil			
Beispiele			

5 Geben Sie an, welche Aufgabe die Leber in der Leberwurstherstellung hat, und vervollständigen Sie das Ablaufschema zur Wirkung der Leber.

Aufgabe der Leber:

Bearbeitung der Leber: → Zugabe: → Albumine und Globuline gehen in Lösung über → Verhalten der Lösung:

→ Auswirkung auf das Fett: → Das Eiweiß koaguliert bei der Erhitzung → Auswirkung auf die Ware:

6 Kreuzen Sie an, welche Aussagen über das Fett in der Leberwurstherstellung richtig sind.

- [ ] Das Fett verhindert das Verkleben der Eiweißteilchen beim Nachgaren. Die Wurst behält ihre Streichfähigkeit.
- [ ] Zu viel Fett verursacht dunkle Stellen in der Leberwurst.
- [ ] Zu wenig Fett macht die Leberwurst bröckelig.
- [ ] Fett ist Aromaträger und verstärkt somit das Leberaroma.

7 Ordnen Sie den Leberwurstqualitäten die verwendeten Fleischqualitäten durch Verbindungslinien zu.

- Spitzenqualität
- mittlere Qualität
- einfache Qualität

- Innereien
- nur sehnen- und fettgewebsarmes Fleisch
- überwiegend Innereien
- überwiegend Fleisch wie gewachsen
- Fleisch wie gewachsen

Qualitätsanforderungen

Ihr Freund meint: „Ob Blutwurst oder Sülzwurst, das hat doch nichts mit Qualität zu tun." Sie versuchen, Ihrem Freund zu erläutern, was die Kunden und der Fleischer mit dem Begriff Qualität verbinden.

1 Nennen Sie die Anforderungen, die der Verbraucher hinsichtlich der Qualität an die Kochwurst stellt.

2 Für den Fleischer ist die Einhaltung der wertbestimmenden Merkmale von entscheidender Bedeutung. Tragen Sie die Qualitätsanforderungen ein, die sich daraus für die Zusammensetzung von Kochwurst ergeben.

Qualität

3 Geben Sie beispielhaft für Kochwurst die Qualitätsanforderungen an Leberwurst mit der LSKZ 2.2312.5 an.

Ausgangsmaterial:

Besondere Merkmale:

BEFFE:

BEFFE im FE:

Fremdwasseranteil:

Fettanteil:

4 Pommersche Leberwurst mit der LSKZ 2.2312.5 wurde nach unten stehendem Rezept hergestellt. Die Füllmasse betrug 40 kg und das Verkaufsgewicht wurde mit 42 kg angegeben (2 kg Därme des Verkaufsgewichts werden nicht berücksichtigt). Die Leitsätze sehen einen BEFFE-Wert von nicht ‹ 8 % vor. Berechnen Sie, ob die Rezeptur dieser Vorgabe entspricht.

Prozentualer BEFFE-Wert:

Übereinstimmung mit den Leitsätzen:

ja ☐ nein ☐

Zutaten	Gewicht	BEFFE-Gehalt	BEFFE-Gehalt
25 % Schweineleber		18,0 %	
5 % Mageres S II		17,5 %	
30 % Schweinebauchfleisch (SV)		6,8 %	
12,5 % Wammen (S X)		7,0 %	
10 % Schweineherzen		15,3 %	
17,5 % Schinkendeckel (S IX)		2,5 %	
	40,000 kg insgesamt		*kg* insgesamt

Name: Klasse: Datum:

8 Leberwurstfehler

In der letzten Woche haben Sie Ihre erste Leberwurst hergestellt. Leider mussten Sie feststellen, dass die Wurst sowohl Fett als auch Gelee abgesetzt hat. Damit Ihnen das kein zweites Mal passiert, überlegen Sie, wie Sie dies in Zukunft verhindern können.

1 Benennen Sie mithilfe der Abbildungen und der möglichen Ursachen die Leberwurstfehler. Leiten Sie aus den möglichen Ursachen die Maßnahmen ab, die geeignet sind, Fehlfabrikate zu vermeiden.

Abbildung	Leberwurstfehler	Mögliche Ursachen	Maßnahmen zur Fehlervermeidung
Fehler in der Konsistenz			
		– zu viel Brühe – Leber-Fett-Verhältnis nicht ausgewogen – Wurst zu heiß gebrüht – Masse nicht richtig vermengt – Masse vor dem Brühen zu kalt geworden – Leber ungenügend vorgekuttert – Ausgangsmaterial zu lange gegart – keinen Emulgator verarbeitet	
		– zu viel Magerfleisch – keinen Emulgator verarbeitet	
Fehler im Aussehen			
		– zu viel Leber verarbeitet – zu wenig Fett – Rinderleber verarbeitet	
		– Lufteinschlüsse	
Fehler im Geschmack			
		– zu alte Leber – Rinderleber verarbeitet – nicht entfernte Gallengänge	
		– rohe Zwiebeln – zu heiß geräuchert – zu kurz/niedrig erhitzt	

Blutwurst

Einer Ihrer Freunde hat den folgenden Spruch von Zille gefunden:
Meine Wurst is jut –
Wo keen Fleesch is, da is Blut –
Wo keen Blut is, da sind Schrippen –
An meine Wurst is nich zu tippen!
Nun möchte er von Ihnen wissen, ob dieser Spruch wahr ist.

1 Definieren Sie, was Blutwürste nach den Leitsätzen (LSK 2.232) sind.

2 Ergänzen Sie den Lückentext, der die Blutwürste beschreibt.

Blutwürste haben eine ______ als Grundlage. Je nach Wurstsorte besteht diese aus unterschiedlichen Anteilen an ______, ______ und ______.

Die verschiedenen Blutwurstsorten erhalten ihr typisches Aussehen ferner durch Einlagen, wie z. B. ______, ______ und ______.

3 Tragen Sie in die Tabelle ein, welche Ausgangsmaterialien in den einzelnen Qualitätsstufen für Blutwurst üblich sind.

Spitzenqualität	Mittlere Qualität	Einfache Qualität

4 Ergänzen Sie in dem Schema die allgemeinen Angaben zur Herstellung von Blutwurstmasse.

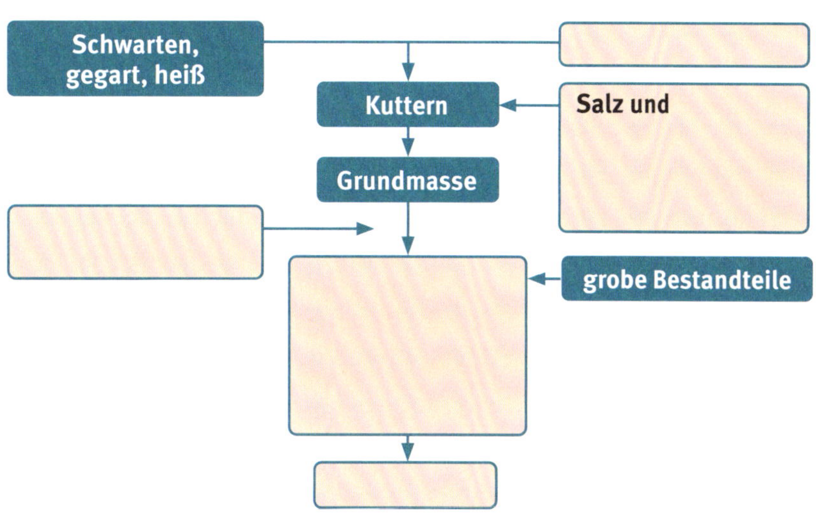

Name: Klasse: Datum:

8 Sülzwurst

Eine Freundin, die sich in der Fachverkäuferausbildung befindet, fragt Sie: „Kannst du mir erklären, was das mit der Bloomzahl bei der Sülz- und Aspikwarenherstellung auf sich hat? In der Schule hatten wir das Thema noch nicht."

1 Erklären Sie, was Sülzwürste nach den Leitsätzen sind.

2 Überlegen Sie, welche Zutaten und welche Wurst zu den angegebenen Sülzwürsten gehören. Tragen Sie dafür folgende Buchstaben in die Karten ein:
S = Sülze   C = Corned Meat   P = Presswurst

Zutaten

- Würfel-, streifen- oder scheibenförmiges Fleisch
- Gemenge aus stückigen Einlagen oder gewolftem Fleisch, Brät oder Leber
- grundsätzlich Verwendung von Rindfleisch
- Gallertmasse darf nicht 50 % des Gesamtgewichts überschreiten
- Fleisch gestückelt oder gerissen

Wurst

Fleisch-Sülzwurst	Corned Beef
Kalbfleischsülze	Schwartenmagen
Geflügelsülze	Schinkensülze
Rindfleischsülze	Sülzwurst
Fleischpresssack	

3 Ergänzen Sie in dem vorgegebenen Schema die Angaben zur Herstellung von Schinkensülze.

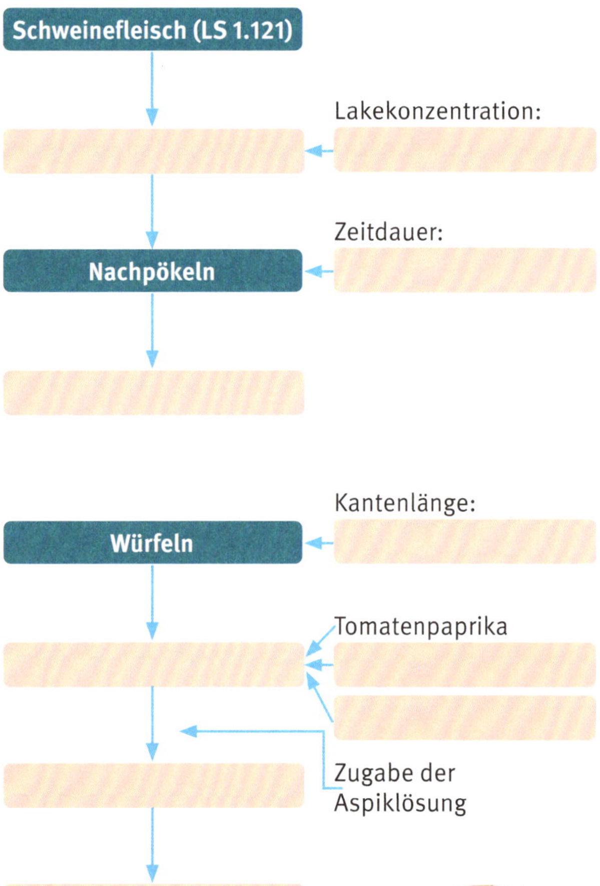

4 Erläutern Sie, was die Bloomzahl ist und welche Bedeutung sie bei der Herstellung von Sülz- und Aspikwaren hat.

Bedeutung:

Blut- und Sülzwurstfehler

Als Sie dabei sind, Schwartenmagen aufzuschneiden, fällt Ihnen auf, dass die Magerfleischeinlage fast nur auf einer Hälfte der Wurstscheiben zu sehen ist. Sie fragen sich, wie das passieren konnte.

1 Benennen Sie mithilfe der Abbildungen und der aufgeführten möglichen Ursachen die Blut- und Sülzwurstfehler. Leiten Sie aus den möglichen Ursachen die Maßnahmen ab, die geeignet sind, Fehlfabrikate zu vermeiden.

Fehler in Konsistenz und Aussehen	Mögliche Ursachen	Maßnahmen zur Fehlervermeidung
	– zu viele Schwarten – Schwarten zu hart – Schwarten zu kurz gegart – zu wenig Brühe	
	– zu viel Blut – Schwartenmasse bei Blutzugabe zu heiß	
	– Speckwürfel ungenügend gebrüht	
	– zu viel Einlage – zu wenig Schwarten – Schwarten schlecht entfettet – ungenügend vermischt	

Fehler in Konsistenz und Aussehen	Mögliche Ursachen	Maßnahmen zur Fehlervermeidung
	– zu wenig Schwarten – zu wenig Aspikpulver – Bloomzahl zu klein – pH-Wert zu niedrig – Nacherhitzung zu hoch/zu lange	
	– zu viel Aspikpulver	
	– Einlagenmaterial zu lange oder zu hoch erhitzt	
	– Pökelfehler	
	– Einlagenmaterial nicht gut abgespült	
	– Einlage ungleichmäßig verteilt	

Name: Klasse: Datum:

8 Emulsionen

Ständig begegnen uns in unserem Alltag Emulsionen. Sei es in Form von Margarine oder Butter, Milch, Hautlotion oder Creme. Bei der Wurstherstellung ist es vor allem die Leberwursttechnologie, bei der die Emulsionsbildung von entscheidender Bedeutung ist. Sie sollen diesen Vorgang in der Berufsschule zeichnerisch darstellen und erläutern.

1 Es werden zwei Emulsionstypen unterschieden:
Fett(Öl)-in-Wasser-Emulsion.
Wasser-in-Fett(Öl)-Emulsion.
Ergänzen Sie die Emulsionstypen und die Lücken im Text.

Butter ist eine ______ -in- ______ -Emulsion
Milch ist eine ______ -in- ______ -Emulsion
Leberwurst ist eine ______ -in- ______ -Emulsion

Bei einer Fett-in-Wasser-Emulsion zeigen die ______ Molekülteile des Emulgators nach außen, das bedeutet, dass die feinstverteilten Fetttröpfchen von den Emulgatoren (fettliebender Teil) umschlossen sind. Bei einer Wasser-in-Fett-Emulsion zeigen die ______ Molekülteile des Emulgators nach außen, das bedeutet, dass die Wassertröpfchen von den Emulgatoren (wasserliebender Teil) umschlossen sind.

2 Zeichnen Sie zwischen die Pfeile ein Emulgatormolekül und beschriften Sie den fettliebenden und den wasserliebenden Teil.

______ liebender Teil → 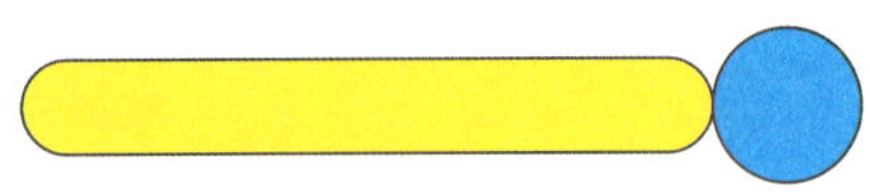 ← ______ liebender Teil

3 Butter und Milch sind Emulsionen. Entscheiden Sie, zu welchem Lebensmittel die Zeichnungen passen, und verbinden Sie diese mit Linien.

4 In der Leberwurst befinden sich u. a. folgende Bestandteile fein zerkleinert: Fett, Wasser, Leber. Beschriften Sie in der Leberwurst die einzelnen Bestandteile und zeichnen Sie den Emulsionsaufbau, wobei sich die Wassermoleküle zwischen den wasserliebenden Teilen des Lebereiweißes ausrichten.

5 Erst durch die richtige Technologie bei der Leberwurstherstellung kommt es zu einer Emulsion.
Ergänzen Sie folgende Wörter im Lückentext.

Flüssigkeiten – fettliebende – unterschiedlichen – wasserliebende – Vermischung – Emulsion

Die ______ entsteht, wenn sich das ______ Ende (lipophiler Molekülanteil) des Emulgators zum Fett ausrichtet und der ______ Teil (hydrophiler Molekülanteil) zum Wasser ausrichtet. Diese ______ Molekülanteile können sich zwischen den Grenzflächen der beiden ______ Wasser und Fett anlagern und so die ______ dauerhaft erhalten.

Zusatzstoffe

Eine Kundin fragt Sie nach den Zusatzstoffen in den Kochwürsten. Sie erläutern ihr, welche Zusatzstoffe sie verwenden und welche positiven Wirkungen sie beispielsweise für die Haltbarkeit und die Verbesserung von Aussehen, Farbe, Geschmack, Geruch und Konsistenz haben.

1 Die besten und natürlichstenZusatzstoffe, wie z. B. Emulgatoren, sind das Fleischeiweiß und das Lebereiweiß. Wenn aber z. B. die Menge an Lebereiweiß zu gering ist, werden für eine optimale Konsistenz (Beschaffenheit) weitere Emulgatoren eingesetzt wie z. B.

- Lecithine,
- Mono- und Diglyceride sowie
- Ester der Mono- und Diglyceride von Speisefettsäuren.

Herstellung – gesundheitlich – Emulsionen – Diglyceriden – Produktionssicherheit – Monoglyceriden – Stabilisierung – chemischen – unbedenklich – Produktverbesserung– Fettsäuren – qualitätsfördernd –

a) Ergänzen Sie den Text mithilfe folgender Wörter.

Emulgatoren dienen sowohl der ___ als auch der ___ von ___.
Sie wirken ___, da sie für ___ sorgen und eine ___ bewirken. Emulgatoren sind ___ vollkommen ___.
Sie sind keine ___ Erzeugnisse, sondern werden aus ___ und ___ von ___ durch Veresterung mit z. B. Weinsäure gewonnen.

b) Beschriften Sie das Fettmolekül, und beschreiben Sie die dargestellte Veresterung von Weinsäure.

① ___
② ___
③ ___

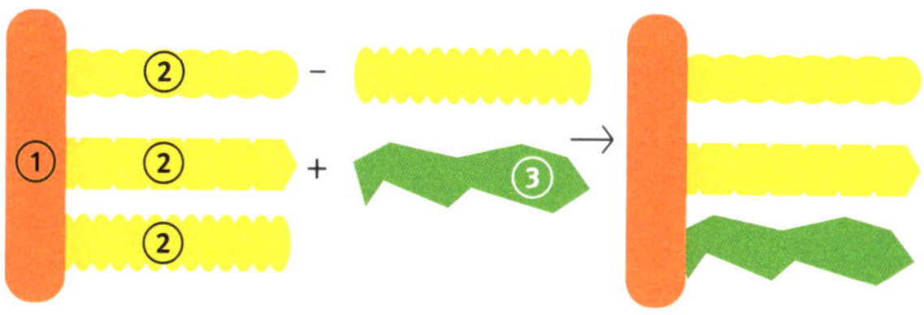

Ablauf der Veresterung: ___

c) Wie ist die Höchstmengenzugabe und die Kenntlichmachung bei loser Ware für Emulgatoren geregelt?

Höchstmenge: ___ Kenntlichmachung: ___

2 In der Fleischverordnung werden Zutaten benannt, die u. a. für Kochwürste verwendet werden. Geben Sie für die unten aufgeführten Zutaten an, für welche Wurstsorten sie verwendet werden dürfen und nennen Sie die Höchstmengen und die eventuelle Kenntlichmachung gemäß der Fleisch-Verordnung.

Zutat	Verwendung	Höchstmenge bezogen auf die Fleisch- und Fettmenge	Kenntlichmachung
Trockenmilch-, Molken-, Milcheiweißerzeugnisse			
Semmel, Grütze			
Rosinen			

8 Naturdärme

Ihre Fleischerei wirbt mit dem Slogan „Wir bieten Ihnen unsere Würste in Fülle in der natürlichen Hülle". Eine Kundin fragt Sie, was dies genau bedeute. Sie erläutern ihr die Herkunft der Naturdärme und die Vorteile für den Geschmack und das Aussehen der Würste sowie für die Umwelt.

1 Im Folgenden finden Sie die allgemeinen Bezeichnungen verschiedener Naturdärme. Geben Sie dazu jeweils die Bezeichnung an, die der Fleischer verwendet, die Länge im Tierkörper, die Bundmaße und die Verwendung im Betrieb.
Lassen Sie sich in der Spalte Verwendung im Betrieb durch Ihre Erfahrungen in Ihrem eigenen Ausbildungsbetrieb leiten.

Bezeichnung	Bezeichnung des Fleischers	Länge im Tier	Bundmaß	Verwendung im Betrieb
Blinddarm des Schweines	Schweinebutte,	ca.	stück-	Thüringer Rotwurst, Sülze,
	Säckchen,	0,35 m	weise	Zungenwurst, Sardellenwurst
	Schweinekappe			(Hamburger Spezialität)
Enddarm/Mastdarm des Rindes				
Dünndarm des Schafes 				
Blinddarm des Rindes				
Dickdarm des Schweines				
Dünndarm des Schweines 				
 Dickdarm des Rindes				
 Enddarm/Mastdarm des Schweines				
Blinddarm des Schafes				
Dünndarm des Rindes				

Kunstdärme

Informieren Sie sich in Ihrem Fachbuch über die Vielseitigkeit der Kunstdärme. Klären Sie dann mit Ihrem Chef, welche Kunstdärme in Ihrem Ausbildungsbetrieb verwendet werden, und diskutieren Sie mit ihm, inwieweit die eingesetzten Kunstdärme in Ihrem Betrieb durch Naturdärme ersetzbar sind.

1 Füllen Sie die vorgegebene Tabelle aus. Ordnen Sie dem vorgegebenen Rohstoff Eigenschaften, Verwendung und Handelsbezeichnung zu.

Rohstoff	Eigenschaften	Verwendung	Handelsbezeichnung
PVDC (Polyvinylidenchlorid)	gasundurchlässig, transparent oder eingefärbt	Brühwurst, Kochwurst frische Zwiebelmettwurst	Rillsan, Korealon, Sterildarm
Cellulose, verstärkt mit Faservlies			
Seidengerüstdarm mit Eiweiß			
Polyamid (Nylon, Perlon)			
Cellulose			
Polyester			
Hautfasern aus Rinderhautzuschnitten			
Cellulose, verstärkt mit Faservlies, beschichtet mit PVDC			

Name: Klasse: Datum:

8 Unterscheidung der Därme

Bei der Wurstherstellung stellt sich die schwierige Frage: Welche Hülle für welche Wurst? Da die Beantwortung dieser Frage im Wesentlichen von der weiteren Verwendung des Produktes abhängt, sollen Sie diese Frage für folgende Wurstsorten beantworten: Mortadella im Stapelpack für den SB-Verkauf, Mortadella für die Wursttheke zum Aufschneiden, Bio-Mortadella.

1 Ordnen Sie folgende Eigenschaften den Kunst- bzw. Naturdärmen zu:

Quellfähigkeit – Kalibergenauigkeit – Essbarkeit – gute Schäleigenschaft – Bedruckbarkeit – Stupffähigkeit – Quellfähigkeit nur bei Hautfaserdärmen – Rauchdurchlässigkeit abhängig vom Material – Darmschrumpfungsvermögen – knackiger Biss bei Würstchen – Haltbarkeit begrenzt – aufwendige Lagerhaltung – Gar- und Austrocknungsverluste hoch – Füllfestigkeit in der Regel gut – Fett- und Geleeabsatz selten – Gar- und Austrocknungsverluste abhängig vom Ausgangsmaterial – Haltbarkeit nahezu unbegrenzt – Rauchdurchlässigkeit sehr gut

Kunstdärme	Naturdärme

2 Tragen Sie ein, welcher Darm für welches Produkt geeignet ist.

Mortadella im SB-Verkauf: ______ Bio-Mortadella: ______

Mortadella für die Wursttheke: ______

3 Wenn die Vielfalt an Naturdärmen, natürlichen Wursthüllen und Kunstdärmen betrachtet wird, fällt ein kleiner Reim „ins Auge“, der in diesem Rätsel gesucht ist. (ß = SS, Ä = AE, Ö = OE, Ü = UE)

1. Ausgangsmaterial des Naturindarms
2. Fachausdruck für den Blinddarm
3. zweiter Bestandteil des Seidengerüstdarms
4. anderer Fachausdruck für das Fettende (die Bezeichnung trägt auch eine Wurstsorte)
5. Dickdarm des Rindes
6. Verstärkung des Cellulosedarms
7. Schafsdünndarm
8. Ausgangsmaterial des Polyamiddarms
9. Bezeichnung der Darmeigenschaft für gute Füllfähigkeit
10. Dickdarm des Schweines
11. natürliche Wursthülle, die ursprünglich für Bierwurst benutzt wurde
12. Kunstdarm für Streichmettwurst
13. Bezeichnung der Handwerker, die früher die Oberhaut der Butte verwendeten
14. natürliche Wursthülle für „Saure Rolle“

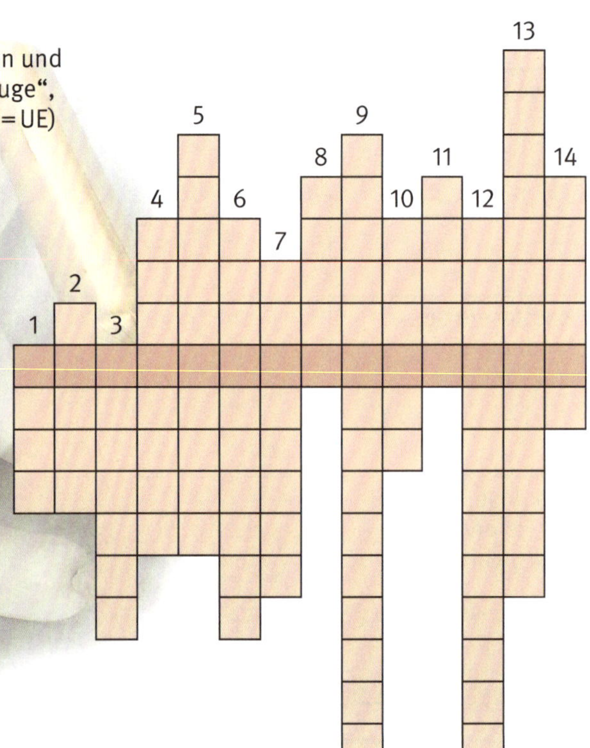

Präsentation und Verkauf von Kochwurst I

In Ihrer Fleischerei absolviert gerade eine Schülerin ihr dreiwöchiges Praktikum. Sie soll bei dem Verkauf der Wurstwaren behilflich sein. Sie weisen sie in diese Aufgabe ein.

1 Setzen Sie die folgenden Wörter in den Lückentext ein.

großkalibrig – ausreichende – unterbrochen – Schneideautomaten – präsentiert – hoch – Kühlung – Behälter – gestapelt

Grundsätze zur Präsentation von Wurstwaren

Die mit dem __________ aufgeschnittene Wurst sollte nach dem Aufschneiden sofort wieder in die __________. Die Kühlkette darf nicht __________ werden. Wurstzuschnitte und Wurstanschnitte sollten sortiert und in einem abgedeckten __________ im Kühlraum gelagert werden. Auch sollte die Wurst nicht zu __________ in der Theke __________ werden, damit eine __________ Kühlung gewährleistet wird. Wurst- und Fleischerzeugnisse, die __________ sind, sollten an der Thekenrückwand __________ werden.

2 Ein Kunde möchte für seine Geburtstagsfeier ein Büfett bestellen. Er legt sehr großen Wert auf einen kalten Bereich mit verschiedenen Wurstwaren.

a) Nennen Sie ihm fünf unterschiedliche Kochwurstwaren mit entsprechenden Verkaufsargumenten.

Kochwurstwaren	Verkaufsargumente

b) Sie machen dem Kunden auch Vorschläge zur Präsentation der Wurstwaren. Ordnen Sie den Vorschlägen die passenden Wurstwaren zu.

auf Holzbrettern, in dicken Scheiben zur Entnahme mit dem Vorlegemesser angerichtet, mit grünen Kräutern garniert → __________

auf schwarzen Platten, fein geschnitten, auf Schiefertafeln asymmetrisch angeordnet, mit grünem Kontrast (Salatblätter, Schnittlauch oder Petersilie). → __________

in Reihen, fein geschnitten, auf Silbertabletts angerichtet, mit Silberzwiebeln und kleinen Maiskölbchen garniert → __________

Name: Klasse: Datum:

3 Sie möchten in Ihrer Fleischerei die Aspikware stärker zur Geltung bringen. Ordnen Sie die Slogans mit Pfeilen den Verkaufsargumenten zu.

	kalorienarm, fettarm	vitaminreich	mineralstoffreich	gut gewürzt	farblich ansprechend
Slogan	„Aspikware – reich an Vitaminen und Geschmack"	„Weniger ist mehr – weniger Fett und mehr Geschmack"	„Köstlich und appetitlich"	„Geschmackvoll, ausdrucksstark und doch nur wenige Kalorien"	„Mineralstoffe gratis zum guten Geschmack"

4 Ihr Chef möchte neue Aspikwaren kreieren. Im Rätsel werden dafür geeignete Fleischteile und Gemüsesorten gesucht. Das Lösungswort ist eine Grundbedingung für eine frische Warenpräsentation. (Ä = AE)

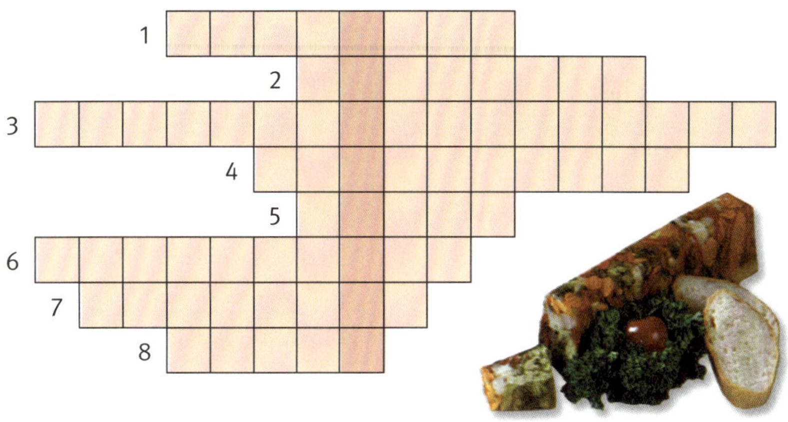

1. grünes Gemüse, das aus Röschen besteht
2. gurkenförmiges Gemüse
3. Geflügelfleischteil
4. kleine Zwiebelsorte (Mehrzahl)
5. mediterrane Steinfrucht
6. Geflügelfleischteil, das auch zu Aufschnitt verarbeitet wird
7. scharfe, paprikaähnliche Frucht
8. Bienenprodukt

5 In Ihrem Betrieb wird schon seit Langem eine Schlachtplatte im Bereich Partyservice angeboten. Diese Platte soll neu zusammengestellt und gestaltet werden.

a) Wählen Sie geeignete Kochwurstprodukte sowie Garnituren aus und stellen Sie die Anordnung dar, indem Sie die Bezeichnungen der Produkte auf der Platte eintragen

Kochwurstprodukte:

Garnituren:

b) Geben Sie die benötigten Mengen Kochwurstprodukte für Ihre Platte für 10 Personen an.

Beispiel für eine Schlachtplatte:

Komplexe Aufgabe zur Prüfungsvorbereitung I

Die praktische Zwischenprüfung steht an. Ihr Chef bereitet Sie intensiv darauf vor.
Er meint, dass Sie nicht nur eine Leberwurst füllen und die passenden Därme vorbereiten können sollten.
Deshalb gibt er Ihnen die Aufgabe, eine Leberwurstrezeptur zu erstellen und zu berechnen.
Gesamtgewicht der Gewürze und der weiteren Zutaten: 7,000 kg
Herstellungsverlust: 1,869 %
Gesamtkosten für die weiteren Zutaten und die benötigten Kunstdärme: 35,50 €

Zutaten	kg-Preis in €	Fettgehalt in %	BE in %	BEFFE in %
30,000 kg Schweineleber	1,20	5	1	18
15,000 kg Kalbfleisch II	6,90	8	2,9	17
5,000 kg Schweinefleisch S II	4,20	8	1,5	17,5
20,000 kg S IX	1,90	70	2,5	2,5
30,000 kg S X	2,20	50	3	7

Weitere Zutaten:	
18,0 g NPS	0,1 g Vanille
2,2 g Pfeffer, weiß	2 g Bienenhonig
0,9 g Mazis	40 g Zwiebeln, geschmort
0,5 g Ingwer	1 g Umrötungshilfsmittel
0,3 g Kardamom	5 g Emulgator (Mono- und Diglyceride)

1. Berechnen Sie mithilfe des Berechnungsbogens auf der folgenden Seite, wie viel Prozent Wasser und wie viel Prozent Fett die Kalbfleischleberwurst enthält. Geben Sie außerdem an, wie viel Prozent Fett sie enthalten dürfte.

2. Berechnen Sie mithilfe des Berechnungsbogens auf der folgenden Seite, wie hoch der BE-Wert und BEFFE-Wert der Kalbfleischleberwurst sind. Vergleichen sie diese anschließend mit den Werten, die die Leitsätze vorschreiben.

3. Zählen Sie drei Gründe auf, warum BEFFE der wertbestimmende Bestandteil der Wurst ist.

4. Gewürze verfeinern den Geschmack von Wurstwaren.
a) Beschreiben Sie zwei Wirkungsweisen der Gewürze.
b) Ordnen Sie die Gewürze der Rezeptur entsprechend ihrer Herkunft dem „Inland" und „Übersee" zu.
c) Was verstehen Sie unter einem Gewürzpräparat?

5. Erläutern Sie den Begriff „quantum satis" und seine Bedeutung für den Fleischer.

6. Die Streichfähigkeit der Leberwurst setzt eine stabile Emulsion voraus.
a) Nennen Sie zwei Emulgatoren.
b) Erklären Sie die Wirkungsweise von Emulgatoren.
c) Geben Sie fünf Verwendungsmöglichkeiten für Emulgatoren in der Fleischerei an.
d) Welche Höchstmengen gelten beim Einsatz von Emulgatoren?
e) Besteht eine Kennzeichnungspflicht für verwendete Emulgatoren?

7. Für die Herstellung von Leberwurst ist ein Kochkutter hervorragend geeignet.
a) Beschreiben Sie die Kochkuttertechnologie.
b) Nennen Sie drei Vorteile des Kochkutters.
b) Begründen Sie, warum die Kochkuttertechnologie nicht so weit verbreitet ist.

8. Erläutern Sie vier Leberwurstfehler und deren Ursachen.

9. Berechnen Sie den Kilopreis für 1 kg Kalbfleischleberwurst bei einem Rohaufschlag von 90 %.

10. Beschreiben Sie den Herstellungsablauf einer Kalbfleischleberwurst von der Materialauswahl bis zum Kühlen des Fertigproduktes.

Berechnungsbogen zur Rezepturkontrolle Wurstsorte: *Kalbfleischleberwurst*

Leitsatz-Kennziffer: *2.2312.1*

kg	Material-Arten	%	WASSER kg	%	FETT kg	%	BE kg	%	BEFFE kg
	Rohmaterial-Gesamtgewicht	kg Wasser		kg Fett		kg BE		kg BEFFE	
	Schwund, analytisch %	kg Schwund							
	= Verkaufsgewicht	kg Wasser							
BEFFE im FE ____ % BE im FE ____ %			____ % WASSER		____ % FETT		____ % BE		____ % BEFFE

Brühwurst nach den Leitsätzen

Beim wöchentlichen Ausbildungsgespräch sollen Sie Ihrem Meister mit eigenen Worten erklären, wie die Brühwürste in den Leitsätzen definiert und eingeteilt werden.

1 Die Brühwürste sind unter der Leitsatzkennziffer 2.22 beschrieben. Ergänzen Sie den Lückentext. Nehmen Sie die unten im Kasten vorgegebenen Begriffe zur Hilfe.

Brühwürste sind ______ Wurstwaren, bei denen zerkleinertes ______ mit ______ unter Zusatz von Trinkwasser (______) ganz oder teilweise ______ wurde und deren Muskeleiweiß beim Garen zusammenhängend ______ ist. Brühwürste bleiben auch bei erneutem ______ schnittfest. „Brät" ist – das unter Zusatz von ______ und ______ zerkleinerte ______ Fleisch – die für die Brühwurstherstellung zum ______ fertig gestellte Rohmasse. Würste, die ______ in den Verkehr kommen, aber dazu bestimmt sind, vor dem Verzehr durch Brühen, Backen, Braten oder auf andere Weise ______ zu werden und dabei ______ werden (z. B. Bratwürste, Weißwürste und Leberkäse), sind ______ .

schnittfest – Trinkwasser – hitzebehandelt – Erhitzen – Abfüllen – Brühwursthalbfabrikate – rohe – Salzen – rohes Fleisch – koaguliert – aufgeschlossen – roh – hitzebehandelte – Eis – Salzen

2 Nach den Leitsätzen werden die Brühwürste in vier Gruppen eingeteilt.

a) Bezeichnen Sie die vier Brühwurstgruppen. Beschriften Sie die Abbildungen. Nennen Sie zu jeder Brühwurstgruppe vier weitere Sorten.

Brühwürste LSKZ 2.22

LSKZ 2.221	LSKZ 2.222	LSKZ 2.223	LSKZ 2.224
			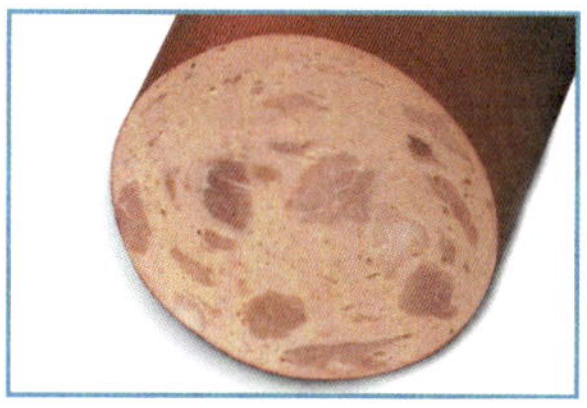

b) Erläutern Sie, was Brühwursthalbfabrikate sind, und nennen Sie Beispiele.

Name: Klasse: Datum:

9 Auswahl und Vorbehandlung der Brühwurstrohstoffe

Der Geselle in Ihrer Fleischerei hat Ihnen gesagt, dass bei der Rohstoffauswahl für Brühwurst die „Bindekraft“ des Fleisches ausschlaggebend sei. Um dieses Kriterium berücksichtigen zu können, informieren Sie sich darüber, welche Eigenschaften das Muskelfleisch aufweisen muss, um „Bindekraft“ zu besitzen.

1 Erläutern Sie die Kurve zur „Änderung des Wasserbindevermögens von Rindfleisch nach dem Schlachten“.

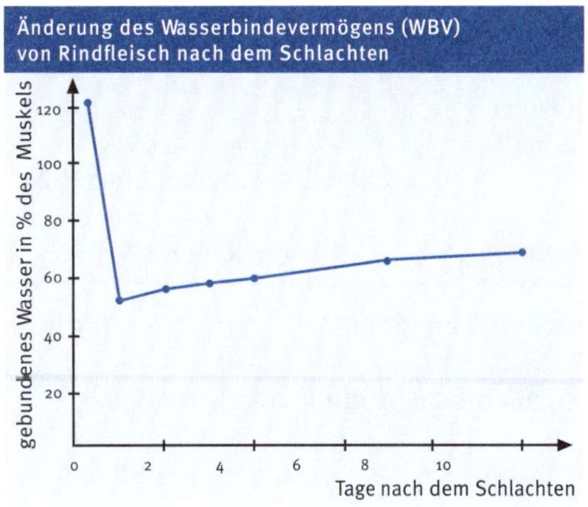

2 Ordnen Sie den Zuständen der Muskelfasern die richtigen Begriffspaare zu: stark gequollen, gequollen, geschrumpft; geringes WBV, gutes WBV, sehr gutes WBV.
Formulieren Sie die Beziehung zwischen pH-Wert und WBV.

① ② ③

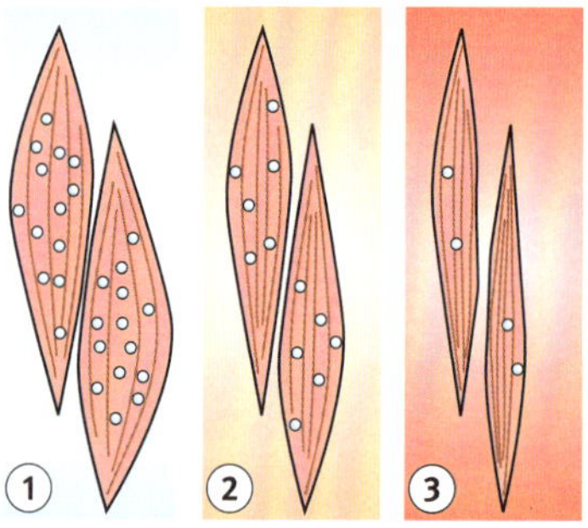

3 Kreuzen Sie die richtige(n) Antwort(en) an.

Welche Tiere liefern gut bindendes Fleisch für Brühwürste?		Welche Fleischteile vom Rind ergeben ein gut bindendes Brät?		Welche Fettgewebe eignen sich für Brühwürste?	
A) Jungbullen		**A)** Filet		**A)** Rindertalg	
B) Ältere Kühe		**B)** Unterschale		**B)** Mickerfett	
C) Altschneider		**C)** Nacken		**C)** Netzfett	
D) Zuchtsauen		**D)** Vorderhesse		**D)** Zäher Nackenspeck	
E) Schweine		**E)** Oberschale		**E)** Schweinebacken	
F) Fresser		**F)** Ellenbogenstück		**F)** Weiche Wamme	

4 Brühwurst wird mit einer Salzmenge (Kochsalz oder Nitritpökelsalz) von 20-24 g pro kg Fleisch-Fett-Menge hergestellt. Welche drei Wirkungen gehen dabei vom Kochsalz aus?

Herstellung von Brühwürsten I

Sie sollen am nächsten Tag in Ihrer Fleischerei die Brühwürstchen ganz alleine herstellen. Damit Sie gut vorbereitet sind, notieren Sie die wichtigsten Aspekte im Hinblick auf die Zutaten, die Leitsätze und die Herstellung.

1 Zählen Sie die besonderen Merkmale für Brühwürstchen auf.

2 Die Warmfleischverarbeitung ist oft aufgrund logistischer Hemmnisse nicht möglich. Bei der Verwendung von gekühltem Fleisch zur Herstellung von Brät ist der Einsatz von Zusätzen und Zusatzstoffen unerlässlich. Geben Sie an, welche Auswirkungen diese Zutaten bei der Brätherstellung haben.

Kochsalz

Nitrit

Citrat, Lactat, Acetat, Tartrat, Phosphat

Emulgatoren

Geschmacksverstärker

3 Tragen Sie die Parameter ein, die bei der Herstellung und Lagerung von Brühwürstchen zur Sicherung der angestrebten Qualität eingehalten werden müssen.

Temperatur des Kutterfleisches:

Temperatur des Kutterfettes:

Brätendtemperatur nach Kutterprozess:

Brättemperatur beim Füllen:

Kerntemperatur beim Brühen:

Lagertemperatur:

Verkauf:

Name: Klasse: Datum:

Herstellung von Brühwürsten II

4 Vervollständigen Sie das Schema für die Herstellung von 50 kg Wiener Würstchen.

R IV | **S III** | **S VIII** | **S VI**

Begründung für das Vorpökeln:

Wolfen 3 mm ← Doppelter Schneidsatz:

Eisschnee

betriebliche Rezeptur:

betriebliche Mengen:

Füllmasse je Wiener:

Darmdurchmesser:

Darmverbrauch:

Räuchern ← Temperatur:

Dauer:

Kesseltemperatur:

Dauer:

Fertigerzeugnis ← Qualitätsanforderungen:

5 Bringen Sie die folgenden Sätze, die erläutern, wie die Schnittfestigkeit von Brühwürsten entsteht, in die richtige Reihenfolge.

- Beim Brühen gerinnt (koaguliert) das Eiweiß.
- Albumine und Globuline können somit in Lösung gehen.
- Beim Wolfen und Kuttern wird die Fleischfaser zerstört.
- Diese binden das Fremdwasser (Eis).
- Es entsteht eine feste Masse.

Qualitätsanforderungen

1 Definieren Sie den Begriff „Qualität“ für die Fleischerei.

2 Tragen Sie in die Tabelle objektive und subjektive Qualitätskriterien ein.

Objektive Qualitätsmerkmale	Subjektive Qualitätsmerkmale

3 Ordnen Sie folgende Qualitätsanforderungen den vier Brühwurstgruppen zu.

gleichmäßige Farbe im Anschnitt – feste, aber nicht gummiartige Konsistenz – gleichmäßiger Zerkleinerungsgrad – zarter Darm – klares Schnittbild – keine groben Sehnenteile – produktspezifisch feste Konsistenz – einheitliches Schnittbild (keine Hohlstellen) – keine Hohlstellen – deutliches Fleischaroma (3x) – prall, saftig, ohne zu spritzen – abgestimmte Würzung (3x) – „produktspezifischer Biss“ – sorgfältige Fleischauswahl – kein Fett- und Geleeabsatz (4x) – Haftenbleiben der Einlage

Qualitätsanforderungen an			
Brühwürstchen	fein zerkleinerte Brühwürste	grobe Brühwürste	Brühwürste mit Einlagen

Name: Klasse: Datum:

9 Brühwurstfehler

Um Sie auf die Gesellenprüfung vorzubereiten, zeigt Ihr Chef Ihnen Fotos von Brühwurstfehlern. Sie sollen die Fehler erkennen sowie mögliche Ursachen und Maßnahmen zur Fehlervermeidung beschreiben.

1 Benennen Sie mithilfe der Abbildungen und der aufgeführten Ursachen die Brühwurstfehler.
Leiten Sie aus den möglichen Ursachen die Maßnahmen ab, die geeignet sind, Fehlfabrikate zu vermeiden.

Brühwurstfehler	Mögliche Ursachen	Maßnahmen zur Fehlervermeidung
Fehler im Aussehen		
	– zu locker gefüllt – zu starke Trocknung beim Räuchern oder Lagern	
	– Anteil an Fettgewebe zu hoch – zu wenig Muskelfarbstoff oder Umrötungshilfsstoffe – Darm beim Räuchern zu feucht	
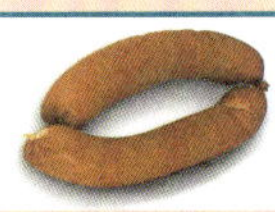	– Rindfleischanteil zu hoch – Rauchatmosphäre zu trocken – zu lange Räucherung	
	– ungenügende Räucherung – Kühltemperatur zu hoch – Luftfeuchtigkeit im Kühlhaus zu hoch	
Fehler in der Konsistenz		
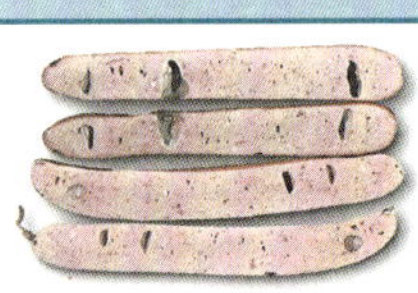	– unhygienische Verarbeitung – Magerfleisch zu lange vorgesalzen – zu wenig Umrötungshilfsstoffe – Erhitzung zu niedrig	
	– ungenügende Wässerung – zu lange Trocknung und Räucherung	
	– zu geringer Magerfleischanteil – zu hoher Anteil an PSE-Fleisch – zu viel Schüttung – zu lange Brätstandzeiten – zu hoher Wasser- und Fettanteil – zu starke mechanische Brätbelastung beim Kuttern und Füllen – zu hohe Temperatur beim Räuchern und Garen	

Stabilisatoren gibt es nicht nur in der Kraftfahrzeug- und Schifffahrtstechnik, sondern auch bei der Wursttechnologie. Einige von ihnen müssen bei loser Ware gekennzeichnet werden, andere dürfen ohne Kennzeichnung eingesetzt werden. Informieren Sie sich über die unterschiedlichen Funktionen der Stabilisatoren.

1 Sie finden rechts ein Originalzutatenverzeichnis einer Fertigpackung. Schreiben Sie die Zusatzstoffe aus dem Zutatenverzeichnis heraus und füllen Sie die Tabelle aus. Nehmen Sie das Fachbuch oder die gesetzlichen Vorschriften zu Hilfe.

Handelsbezeichnungen/ E-Nr.	Zuordnung laut ZZulV	Verwendung	Wirkungsweise	Kennzeichnung bei Fertigpackungen
Nitrit E-Nr. 250	Konservierungsstoff	u.a. für nicht hitzebehandelte gepökelte und andere gepökelte Fleischerzeugnisse, z. B. Brühwurst	– durch Umrötung Stabilisierung der Fleischfarbe – haltbar machende Eigenschaften durch Wirkung gegen Mikroorganismen – Geschmack durch Verleihung des Pökelaromas	ja (s. o.) mit „Konservierungsstoff“ oder „Nitritpökelsalz“ und E-Nr.
E-Nr.				
E-Nr.				
E-Nr.				
E-Nr.				

9 Vakuumkuttern

In Ihrer Fleischerei soll der Kutter durch einen Vakuumkutter ersetzt werden.
Sie befragen Ihren Chef nach den Vorteilen des Vakuumkutters.

1 Erläutern Sie ausführlich den Begriff „Vakuum".
Verwenden Sie dafür die folgenden Stichwörter:

lat. vacuus – gasleerer Raum – Außendruck – echtes Vakuum – 80 %iges

2 Erklären Sie, worin sich die Vakuumkutterung von der Normalkutterung unterscheidet.

3 Beschreiben Sie die Vorteile eines Vakuumkutters, indem Sie den Lückentext bearbeiten.

Beim Vakuumkutter werden weniger ______ und die darin enthaltenen ______ in das Brät eingearbeitet. Dadurch wird der ______ der Wurst ______ gehalten. Außerdem ______ sich das Brätvolumen um ca. 7 % bei ______ Gewicht. Deshalb werden ______ Därme benötigt. Durch die Verdichtung des ______ wird zusätzlich ein verbesserter ______ erzielt, der eine höhere ______ zur Folge hat. Das Vakuumkuttern verhindert die unerwünschte ______ der ______ durch O_2. Der geringe ______ verhindert darüber hinaus einen vorzeitigen ______ und ______.

4 Ein mittelständischer Betrieb stellt täglich 0,15 t Bockwurst her. Diese werden in Kaliber 26/28 gefüllt.
Für das Abdrehen und eventuelle Schäden werden 3 % Darmmaterial aufgeschlagen. 1 Hank kostet 11,97 €.
(Anmerkung: Die Dichte des Bräts entspricht der des Wassers.)
Mit dem Einsatz eines Vakuumkutters konnte der Darmverbrauch um 5,5 % gesenkt werden.
Errechnen Sie die Ersparnis an Darmkosten (täglich, wöchentlich und jährlich), indem Sie die Tabelle ausfüllen.

	Täglich (ohne Verluste)	Täglich (zuzüglich 3 %)	Wöchentlich (5 Arbeitstage)	Jährlich (250 Arbeitstage)
Verbrauch				
Ersparnis in m				
Ersparnis in €				

Stickstoffkuttern

In Ihrer Fleischerei wird überlegt, den Kutter auf Stickstoffkühlung umzustellen. Sie sollen sich über die Vorteile und mögliche Nachteile dieses Verfahrens informieren.

1 Definieren Sie „Stickstoff“ und geben Sie an, welcher Stoff hauptsächlich aus Stickstoff besteht.

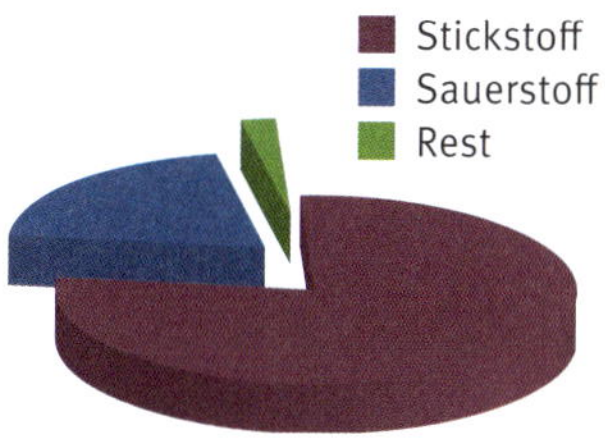

2 Welches grundsätzliche Problem hat dazu geführt, dass nach einem anderen Kühlverfahren für das Kuttern gesucht wurde?

3 Erläutern Sie die Wirkungsweise des Kutterns mit Stickstoffkühlung, indem Sie die Zeichnung beschriften.

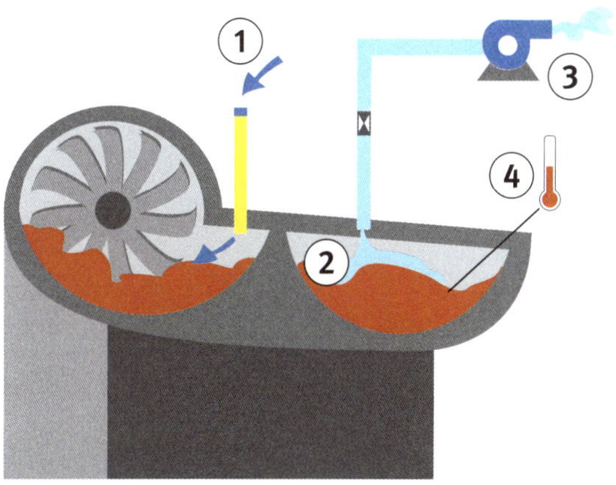

1

2

3

4

4 Nennen Sie Vorteile des Kutterns unter Stickstoffatmosphäre.

5 Tragen Sie die Gefahren ein, die beim Umgang mit flüssigem Stickstoff zu beachten sind, und geben Sie an, wie sie verhindert werden können.

Gefahr	Gegenmaßnahme

Name: Klasse: Datum:

Kutterverfahren

Ihr Azubikollege murmelt bei der Arbeit am Kutter vor sich hin: „Magerbrätverfahren, Fettbrätverfahren, Gesamtbrätverfahren, da soll noch einer durchblicken." Sie sorgen für Durchblick.

1 Erklären Sie den Begriff „Kuttern".

2 Unterscheiden Sie die drei verschiedenen Kutterverfahren.

Magerbrätverfahren

- ______ und ______ wolfen
- Magerfleisch ______ ______
- ______ ______ hinzufügen
- restliche Eismenge ______
- ______ ______ das Fett zufügen
- ______ zugeben
- Brätendtemperatur ______

Fettbrätverfahren

- ______ und ______ wolfen
- ______ cremig auskuttern, ______ ______ entnehmen
- ______ wie gewohnt herstellen
- das vorbehandelte Fett ______
- ______ und ______ zugeben
- Brätendtemperatur ______

Gesamtbrätverfahren

- ______ und ______ wolfen
- das gesamte ______, einschließlich ______ und ______ in den Kutter geben
- Brätendtemperatur ______

3 Der Durchmesser des Kuttermessersatzes beträgt 40 cm.
Die Messerwelle vollzieht 3600 U/Min.
Berechnen Sie die Wegstrecke in km, die die Messerspitzen in einer Stunde zurücklegen.

Wegstrecke in km/Stunde (gerundet): ______

Präsentation und Verkauf von Brühwurst I

In der Heißen Theke Ihrer Fleischerei werden immer mehr Produkte aus dem Brühwurstsektor gekauft, wie z. B. Brühwürstchen, Wurstgulasch und heißer Fleischkäse. Dieser Trend soll mit einer Aktion unter dem Motto „Wenig Zeit? Der Fleischer hält's Mittagessen bereit!" unterstützt werden. Sie sollen Vorschläge für schnelle Produkte für den Mittagstisch machen.

1 Sammeln Sie Gerichte aus Brühwürstchenprodukten, die Sie in der Heißen Theke bereithalten können. Ziehen Sie zur Lösung der Aufgabe neben dem Fachbuch „Fleischerei heute" auch andere Bücher und das Internet zurate.

2 Auch kalte Brühwürstchenprodukte sind begehrt. Erstellen Sie eine Angebotskarte zu kalten Brühwürstchenprodukten am Computer. Geben Sie auch die Preise an und die Menge, auf die sie sich beziehen. Gestalten Sie einen Aufsteller, um auch bei der Laufkundschaft Aufmerksamkeit zu erregen. Nutzen Sie die Vorlage.

Name: Klasse: Datum:

9 Präsentation und Verkauf von Brühwurst II

3 Für den kleinen Hunger zwischendurch bieten Sie auch belegte Brötchen an. Bei Kindern sind besonders die Brühwürste mit Einlage beliebt, da für sie das Aussehen im Vordergrund steht. Erwachsene Kunden hingegen legen großen Wert auf die Inhaltsstoffe. Deshalb sind die Verkaufsargumente sehr unterschiedlich. Ordnen Sie die folgenden Verkaufsargumente den abgebildeten Brühwürsten durch Verbindungslinien zu.

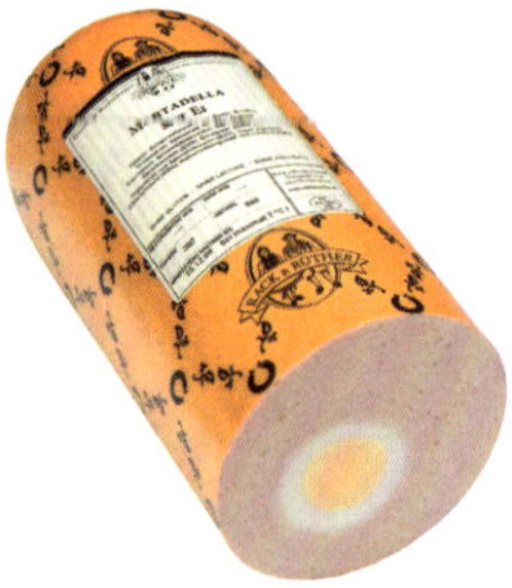

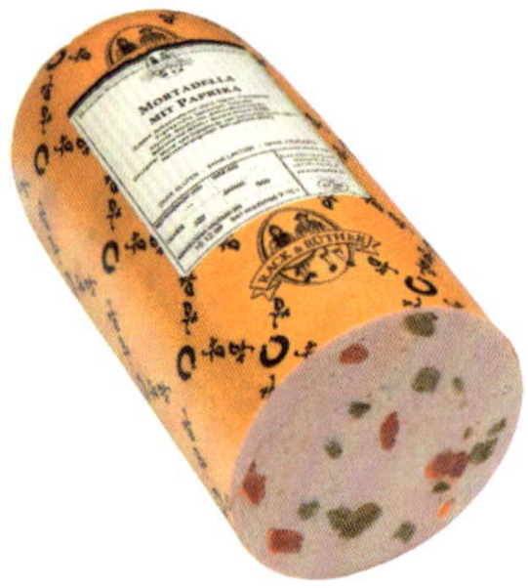

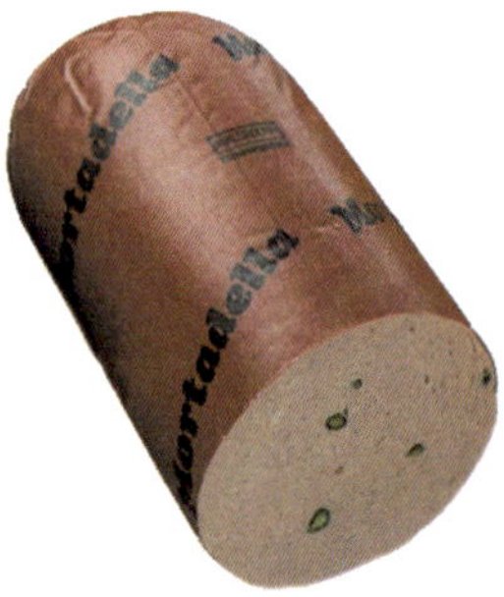

„So essen die Kinder gleich etwas Gemüse mit."

„Der Farbkontrast weckt die Neugierde, mal etwas anderes zu probieren."

„Eine bunte Wurst für das Frühstücksbrot."

„Eine Wurst, die knuspert."

„Eine bärenstarke Wurst."

„Die Wurst mit der Extraportion Eiweiß."

„Das Auge isst mit. Wenn die Kinder mal keinen großen Appetit haben."

„Leuchtend gelbe Augen, damit das Brot noch besser schmeckt."

4 Entwerfen Sie auf einem A4-Blatt ein Werbeplakat für eine Gesichtswurst, das sowohl Kinder als auch Erwachsene anspricht.

5 Formulieren Sie für folgende Produkte jeweils ein Verkaufsargument.

Produkt	Verkaufsargument
Krakauer	
Fleischkäse	
Jagdwurst	
Bierwurst	

Kreuzworträtsel – Herstellen von Brühwurst

Lösen Sie das Kreuzworträtsel zur Herstellung von Brühwurst.
Ä = AE, Ö = OE, Ü = UE, ß = SS

Waagerecht:

1. Liefert gut bindiges Einsatzmaterial
2. Grundgewürz
3. Sichtbarer Fehler in der Brühwurst
4. Wertbestimmender Anteil im Fleisch
5. Eiweißlösende Zutat mit Geschmack
6. Bestandteil des Muskeleiweißes
7. Bestandteil der Brühwurst
8. Bestandteil im Fleisch
9. Zerkleinerungsvorgang
10. Bewirkt die Umrötung

Senkrecht:

1. Wurstart
2. Bestandteil des Muskeleiweißes
3. Magerfleischeinsatz bei Brühwurst
4. Liefert bestes Fleisch für die Brühwurst
5. Beinhalten die Qualitätsparameter
6. Fetthaltiger Materialeinsatz
7. Füllfertiges Produkt
8. Kutterhilfsmittel

Name: Klasse: Datum:

9 Komplexe Aufgabe zur Prüfungsvorbereitung

In Ihrer Fleischerei sollen zu Silvester Wiener Würstchen zu einem Sonderpreis von 0,99 € für zwei Wiener Würstchen á 95 g verkauft werden. Der Kalkulation liegen folgende Rezeptur und Preise zugrunde:

13,000 kg S II	*2,75 €/kg*	*19,0 % FE*	*17,5 % BEFFE*	*Anforderungen gemäß*
10,000 kg R II	*4,33 €/kg*	*20,0 % FE*	*17,0 % BEFFE*	*Bestimmungen der „Leitsätze*
15,500 kg S VII	*0,90 €/kg*	*5,9 % FE*	*2,5 % BEFFE*	*für Fleisch und Fleisch-*
50 % Schüttung auf S II und R II				*erzeugnisse“ (LZK 2.221.03)*

Gewürze und Zutaten je kg Gesamtmasse:

18 g	*NPS*	*0,23 €/kg*	*1 g*	*Muskatnuss/Mazis*	*4,62 €/kg*
3 g	*Kutterhilfsmittel*	*2,45 €/kg*	*1 g*	*Paprika, edelsüß*	*3,45 €/kg*
1 g	*Natriumascorbat*	*2,57 €/kg*	*0,5 g*	*Koriander*	*2,95 €/kg*
1 g	*Natriumglutamat*	*3,88 €/kg*	*0,5 g*	*Ingwer*	*6,20 €/kg*
2 g	*Pfeffer, weiß*	*7,83 €/kg*			

Verwendet werden Saitlinge 20/22 für insgesamt 54,00 €. In der Spritze bleiben 1,142 kg Brät zurück, die vom Gesamtbrätgewicht abgezogen werden, aber im Wert unberücksichtigt bleiben. Ferner ist mit Herstellungsverlusten von 8 % und Verkaufsverlusten von 2 % zu rechnen. Kalkuliert wird mit 66 % Betriebskosten, 13 % Gewinn und der zurzeit gültigen Mehrwertsteuer.

1. Das Fleisch- und Fettmaterial für Wiener Würstchen muss bestimmten Anforderungen entsprechen.
a) Geben Sie an, von welchen Tieren es idealerweise stammen sollte.
b) Beschreiben Sie, welche Eigenschaften das Fleisch aufweisen sollte, und begründen Sie Ihre Meinung.

2. Die Rezeptur für Wiener Würstchen enthält auch Zusatzstoffe.
a) Geben Sie die Zusatzstoffe an, die im obigen Rezept verwendet werden.
b) Erstellen Sie nach folgendem Muster eine Tabelle und ergänzen Sie diese für zwei aus dem obigen Rezept ausgewählte Zusatzstoffe.

Zusatzstoff	Wirkungsweise	Höchstmenge	Kenntlichmachung

3. In der Fleischerei werden drei Kutterverfahren eingesetzt.
a) Unterscheiden Sie die drei Kutterverfahren.
b) Wählen Sie das für die Herstellung von Wiener Würstchen geeignete Kutterverfahren aus. Begründen Sie Ihre Entscheidung.

4. Beschreiben Sie ausführlich die Herstellung von Wiener Würstchen von der Auswahl des Materials bis zur Kühlung der fertigen Würstchen.

5. Berechnen Sie, wie viel Prozent das RII an der Gesamtmasse ausmacht.

6. Der Fettgehalt und der BEFFE-Gehalt sind für viele Brühwürste vorgeschrieben.
a) Nennen Sie den Fettgehalt von Wiener Würstchen in Hamburg und den in den Leitsätzen vorgeschriebenen BEFFE-Gehalt.
b) Geben Sie die vorgeschriebenen BEFFE-Werte für fünf weitere Würstchen an.
c) Gibt es Toleranzgrenzen in Bezug auf den BEFFE-Wert?

7. Bei der Qualitätsprüfung bemerken Sie, dass eine mangelnde Umrötung stattgefunden hat.
a) Zählen Sie fünf mögliche Ursachen hierfür auf.
b) Erläutern Sie weitere mögliche Brühwurstfehler und nennen Sie jeweils eine Ursache.

8. Für die Brühwurstherstellung werden verschiedene Därme verwendet.
a) Definieren Sie, was ein Saitling ist.
b) Nennen Sie weitere verwendete Dünndärme von anderen Schlachttieren.
c) Erklären Sie, warum Naturdärme gesalzen werden müssen.

9. In der Rezeptur für die Wiener Würstchen wird Muskatnuss oder Mazis verarbeitet. Unterscheiden Sie diese beiden Gewürze.

10. Erstellen Sie eine Kalkulation für die Wiener Würstchen und geben Sie an, ob die Wiener Würstchen zu dem gewünschten Sonderpreis verkauft werden können.

11. Für den Verkauf von Brühwürsten sind verschiedene Kriterien von Bedeutung.
a) Beschreiben Sie die Qualitätsanforderungen zur Beurteilung von Brühwürsten.
b) Nennen Sie Verkaufsargumente für Wiener Würstchen und für Rostbratwürste.
c) Geben Sie Verzehrempfehlungen für Wiener Würstchen.

Rohwurst nach den Leitsätzen

Ihre Fleischerei will das Angebot an Rohwürsten erweitern. Sie sollen Ihrem Chef entsprechende Vorschläge unterbreiten. Dafür informieren Sie sich zuerst darüber, welche Würste zu den Rohwürsten gehören und worin sie sich unterscheiden.

1 Die Rohwürste sind unter der Leitsatzkennziffer 2.21 beschrieben. Ergänzen Sie den Lückentext.

Rohwürste sind ______________, ______________________, roh zum Verzehr gelangende Wurstwaren, die ________________ oder nach einer mit Austrocknung verbundenen Reifung ______________ geworden sind.

2 Nach den Leitsätzen werden die Rohwürste in zwei Gruppen eingeteilt. Bezeichnen Sie die zwei Rohwurstgruppen. Nennen Sie zu jeder Rohwurstgruppe vier weitere Sorten.

Rohwürste LSKZ 2.21	
LSKZ 2.211	LSKZ 2.212

3 Sortieren Sie die folgenden Rohwurstsorten nach ihren Merkmalen in die Tabelle ein:
Bauernbratwurst, Salami, Schinkenmettwurst, Holsteiner Mettwurst, geräucherte Bratwurst, Braunschweiger Mettwurst, Schinkenplockwurst, grobe Mettwurst, Schlackwurst, westfälische grobe Mettwurst, feine Teewurst, Schmierwurst, fein zerkleinerte Mettwurst, Cervelatwurst, Plockwurst, grobe Katenrauch

Konsistenz	Aussehen ohne Körnung (nicht sichtbar)	Feine Körnung (ca. 1 mm)	Mittelgrobe Körnung (ca. 2–3 mm)	Grobe Körnung (3–5 mm)	Sehr grobe Körnung (über 5 mm)
schnittfest					
streichfähig					

Name: Klasse: Datum:

Fleischauswahl für Rohwürste

Bei der Rohwurstherstellung ist neben der Beherrschung der technologischen Abläufe die Fleischauswahl von besonderer Bedeutung. Ihr Chef erläutert Ihnen, inwiefern die Rohstoffe die Qualität des Endproduktes vorbestimmen.

1 Das Fleisch für Rohwurst muss bestimmte Anforderungen erfüllen. Ordnen Sie den geeigneten Rohstoffen die passenden Begründungen für deren Eignung zu, indem Sie die Kästen mit Pfeilen verbinden.

- frisches Fleisch
- Fleisch älterer Tiere
- gereiftes Fleisch
- sehnenarmes Fleisch

- trockenes Fleisch
- Sehnen bleiben im zerkleinerten Zustand erhalten und sind im Endprodukt sichtbar
- kernige Struktur der Muskelfaser
- guter mikrobieller Status
- geringer pH-Wert (5,8 bis 5,4) = geringes WBV
- kräftiges Fleischrot – guter Kontrast zum Fett

2 Bei der Fettauswahl wird zwischen schnittfester und streichfähiger Ware unterschieden. Nennen Sie die geeigneten Fettsorten.

Fett für streichfähige Rohwurst:

Fett für schnittfeste Rohwurst:

3 Für die Herstellung qualitativ hochwertiger, schnittfester Rohwurst sind spezielle Anforderungen an das Rohmaterial vor dem Verarbeiten erforderlich.
Tragen Sie diese ein.

Rohmaterial	Erforderliche Parameter			
Rindfleisch	pH- Wert:			
	gekühlt:		Verarbeitungszeitraum:	
	gefroren:		Verarbeitungszeitraum:	
Schweinefleisch	pH-Wert:			
	gekühlt:		Verarbeitungszeitraum:	
	gefroren:		Verarbeitungszeitraum:	
Fett	vor dem Gefrieren kühlen:			
	gefroren:		Verarbeitungszeitraum:	

Herstellung von schnittfester Rohwurst

Der Fleischermeister möchte Ihre Fertigkeiten in der Wurstherstellung vervollkommnen und erteilt Ihnen den Auftrag, den Ablauf zur Herstellung von schnittfester Salami in einem Fließschema darzustellen.

1 Fertigen Sie ein Fließschema zur Herstellung von 100 kg Salami Ia an.

R IV

S III

S VIII

S VI

Kühlen (+/–0 °C)

Kuttern
Masseendtemperatur
max. +2 °C

Plätteln

Zugabe von:

Naturdärme Ø:

Trocknen

Temperatur:

Temperatur:

Dauer:

Reifen
(Langsamreifung)

Temperatur:

Dauer: ca.

Luftfeuchte:

Temperatur:

Luftfeuchte:

2 Überprüfen Sie, ob bei dem folgenden Cervelatwurst-Rezept der in den Leitsätzen (LSK 2.211.08) geforderte prozentuale BEFFE-Gehalt von nicht unter 11,5 % eingehalten wird. (Weitere Zutaten: 3,3 %; Schwund: 12 %)

Zutaten	Gewicht in kg	BEFFE-Gehalt in %	BEFFE-Gehalt in kg
Rindfleisch I	24,000 kg	19,50 %	
Rindfleisch II	5,000 kg	17,00 %	
Schweinefleisch II	30,000 kg	17,50 %	
Schweinefleisch III	6,000 kg	16,00 %	
Speck (S VIII)	35,000 kg	0,30 %	
	insgesamt		insgesamt

Verkaufsgewicht:

Prozentualer Anteil:

Übereinstimmung mit den Leitsätzen:

Name: Klasse: Datum:

Herstellung von streichfähiger Rohwurst

Bei der Herstellung von streichfähiger Rohwurst werden unterschiedliche Verfahrenstechnologien angewandt, die Sie in Ihrem Berichtsheft unterscheiden sollen.

1 Fertigen Sie Fließschemen zur Herstellung von 100 kg Teewurst (LSK 2.212.1) an.

a) Konventionelles Verfahren

R II

S II

S V

Gewürze
je kg Wurstmasse:
2 g Pfeffer, weiß, gem.
2 g Paprika, edelsüß
0,5 g Macis
3 g Rum mit Wacholder

Füllen

Reifen/Räuchern

Kunstdärme

Ø:

Reifen: T:

t:

rF:

Räuchern: T:

t:

b) Zwei-Phasen-Verfahren

R II

S II

S V

Wolfen, 2-mm-Scheibe

Nitritpökelsalz

Kuttern, bis +10 °C

Tiefkühlen, ca. 12 h

Gewürze
je kg Wurstmasse:
2 g Pfeffer, weiß, gem.
2 g Paprika, edelsüß
0,5 g Macis
3 g Rum mit Wacholder

Füllen

Reifen/Räuchern

Kunstdärme

Ø:

Reifen: T:

t:

rF:

Räuchern: T:

t:

Qualitätsanforderungen

Sie sollen am „Tag der offenen Tür" die Besucher über die Qualitätsanforderungen an Rohwürste informieren. Dafür tragen Sie die entsprechenden Informationen zusammen.

1 Zählen Sie die Qualitätsanforderungen auf, die die allgemeinen Verbrauchererwartungen an schnittfeste Rohwürste widerspiegeln.

2 Schnittfeste Rohwürste werden nach ihrer Körnung unterteilt. Ergänzen Sie in der Tabelle die Körnungsgrößen und die Wurstsorten mit den entsprechenden Körnungsgrößen.

Einteilung	Körnungsgröße	Wurstsorten
grob		
mittel		
fein		

3 Formulieren Sie Erwartungen, die der Verbraucher hinsichtlich der Qualität an streichfähige Rohwurst hat.

4 Für den Fleischer bleibt der BEFFE-Gehalt einer der objektiven Gradmesser für die Qualität einer Rohwurst. Überprüfen Sie, ob die vorliegende Rezeptur für Knacker, einfach, den Leitsätzen (LSK 2.221.06) entspricht, die einen BEFFE-Gehalt von mindestens 6,5 % fordern.

Zutaten	Gewicht in kg	BEFFE-Gehalt in %	BEFFE-Gehalt in kg
Rindfleisch II	10,000 kg	13,60 %	
Rindfleisch III	25,000 kg	10,15 %	
Schweinefleisch III	7,500 kg	6,56 %	
Speck	32,500 kg	2,45 %	
Eisschnee	25,000 kg		
	insgesamt		insgesamt

Weitere Zutaten: 2,85 %; Schwund: 4 %

Verkaufsgewicht:

Prozentualer BEFFE-Gehalt:

Übereinstimmung mit den Leitsätzen:

ja ☐ nein ☐

Name: Klasse: Datum:

10 Rohwurstfehler

Ihr Praktikant ist erstaunt über die vielen Maßnahmen, die bei der Rohwurstherstellung berücksichtigt werden müssen. Sie erläutern Ihm, warum die präzise Einhaltung dieser Maßnahmen notwendig ist.

1 Benennen Sie mithilfe der Abbildungen und der in der Tabelle aufgeführten möglichen Ursachen die Rohwurstfehler. Leiten Sie aus den möglichen Ursachen die Maßnahmen ab, die geeignet sind, Fehlfabrikate zu vermeiden.

Rohwurstfehler	Mögliche Ursachen	Maßnahmen zur Fehlervermeidung
Fehler im Aussehen		
	– Nitritauswaschung durch zu langsame Abtrocknung nach dem Füllen – Kälterand durch zu kalte Lagerung vor Abschluss der Umrötung	
	– durch unsaubere Naturdärme oder zu nasse Därme	
	– zu wenig Salz (NPS) oder zu wenig Umrötungsmittel im Kochsalz – Vermehrung von unerwünschten Mikroben – zu hoher Anfangskeimgehalt – ungleichmäßig verteiltes Salz	
	– zu kurze Reifedauer – zu niedrige Reifetemperatur – zu schnelle Säuerung bei KNO_3-Verarbeitung – schlechte Bindung	
	– durch zu kurzes Kneten – Ballen waren nicht luftfrei – nicht luftfrei gefüllt	
	– ungleichmäßige Reifung durch zu schnelle Abtrocknung von außen – durch zu trockene oder zu starke Luftumwälzung	

Reifeverfahren

Sie haben festgestellt, dass sich die Rohwürste im Aussehen und im Geschmack oft sehr unterscheiden. Neben der Würzung sind auch die Reifeverfahren maßgeblich an der Herausbildung dieser Unterschiede beteiligt. Um diese Unterschiede zu verstehen, sollen Sie die verschiedenen Reifeverfahren vergleichen.

1 Tragen Sie die wichtigsten Parameter für die einzelnen Reifeverfahren in die Tabelle ein.

Verfahren	Temperatur	Luftfeuchte	Dauer	Besonderheiten	Wurstsorten, z.B.
Naturreifung					
Pressreifungsverfahren					
Schwitzreifung					
Feuchträucherverfahen					
Lakereifung					
Vakuumreifung					
Schnellreifung					
Langsamreifung					

Name: Klasse: Datum:

10 Rohwurstreifung

Die Rohwurstreifung ist ein sehr komplexer Vorgang, da sie vielen inneren und äußeren Einflussgrößen unterliegt. Deshalb sollen Sie für ein besseres Verständnis diese Faktoren zusammenstellen, damit Sie die Rohwurstreifung auf die Gegebenheiten des Betriebs anpassen können.

1 Geben Sie an, welche Ziele jede technologische Phase der Rohwurstreifung verfolgt.

Phase	Ziele
Angleichphase:	
Aktivphase:	
Trocknungs-/ Reifephase:	
Nachreifephase:	

2 Die Qualität der Rohwurstreifung wird maßgeblich von inneren und äußeren Parametern beeinflusst. Ordnen Sie die jeweiligen Parameter zu, indem Sie für innere Parameter ein I eintragen und für äußere ein Ä.

- Fleisch- und Fettgehalt
- Temperatur
- relative Luftfeuchte
- Wursthülle und Kaliber
- Raucheinwirkung
- Art der Starter- bzw. Reifekulturen
- Luftgeschwindigkeit
- Zuckermenge und -art
- Schimmelkulturen

3 Neben den obligatorischen, betrieblich festgelegten Kontrollpunkten können weitere objektive Messpunkte zur Absicherung des ordnungsgemäßen Verlaufs der Rohwurstreifung herangezogen werden. Zählen Sie die wichtigsten objektiven Faktoren auf und geben Sie jeweils an, wie sie überprüft werden können.

4 Naturgereifte, hart ausgereifte Salami wiegt verkaufsfertig 68,5 kg. Sie hat beim Reifen 15,8 % des Füllgewichts und beim Räuchern und Nachreifen nochmals 16,4 % des Gewichts nach dem Reifen verloren. Berechnen Sie das Füllgewicht und die einzelnen Verluste in kg.

Gewicht vor dem Nachreifen und Räuchern:

Füllgewicht:

Verlust während der Reifung:

Verlust während der Reifung und Nachreifung:

Zusatzstoffe I

In Kundengesprächen werden Sie immer wieder mit Fragen hinsichtlich der Zusatzstoffe in Würsten konfrontiert. Sie informieren sich über die verwendeten Zusatzstoffe, um die Fragen in Zukunft kompetent beantworten zu können.

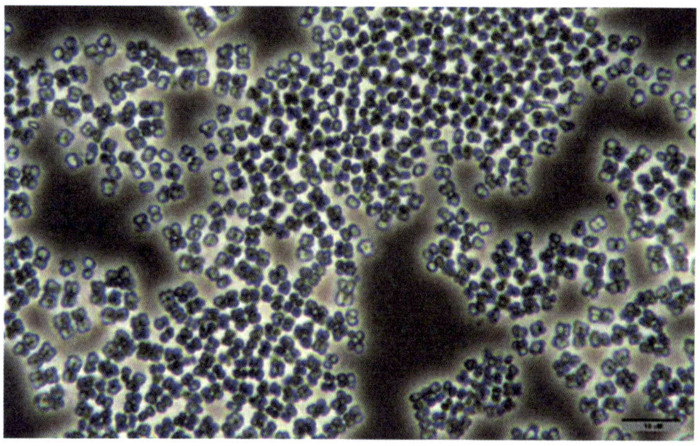

1 Erläutern Sie, was sich hinter den rechtlich zugelassenen Zusatzstoffen verbirgt und welche Wirkungen sie auf die Rohwurst ausüben.

Zusatzstoff	Erläuterung	Wirkungen
Kochsalz NaCl (Zutat, kein Zusatzstoff)	Natriumchlorid	
Nitrat NO_3		
Nitrit NO_2		
Zucker		
GdL		
Ascorbinsäure		
Ascorbat		
Starterkulturen		
5%ig Zitronensäurelösung		

Name: Klasse: Datum:

10 Zusatzstoffe II

Der eigentlich schwierige Teil der Rohwurstherstellung beginnt, wenn die Rohwurstmasse im Darm ist. Die danach einsetzenden Reifungsvorgänge sind komplexe Abläufe. Äußerst qualitätsfördernd ist dabei der Einsatz sehr teurer Klimareifeanlagen. Sie diskutieren im Betrieb, ob der kleinere Handwerksbetrieb überhaupt eine Chance hat, eigene verkaufsfähige Rohwurstsorten ohne eine Klimareifeanlage herzustellen und ob es einen Zusatzstoff gibt, der die Anlage ersetzen und Rohwurstfehler verhindern kann.

1 Die Herstellung qualitativ hochwertiger Rohwurst erfordert aufwendige Klimaanlagen. Diese sind für den kleineren bzw. mittleren Handwerksbetrieb meistens zu kostenintensiv, da eine 100 %ige Auslastung selten gegeben ist.
Der Zusatzstoff GdL kann hier teilweise die notwendigen Abläufe einer Klimaanlage ersetzen.

Geben Sie an, wofür GdL steht:

Geben Sie die Gleichung zur Umwandlung von GdL an.

+ =

2 Vervollständigen Sie den folgenden Satz, der die Wirkung der Gluconsäure auf den Säuregehalt der Rohwurst beschreibt.

Gluconsäure den der Rohwurst.

3 Welche Ziele werden mit der pH-Wert-Senkung erreicht?
Ergänzen Sie die Antworten mit folgenden Begriffen:

verbessert – gefördert – beschleunigt – verhindert

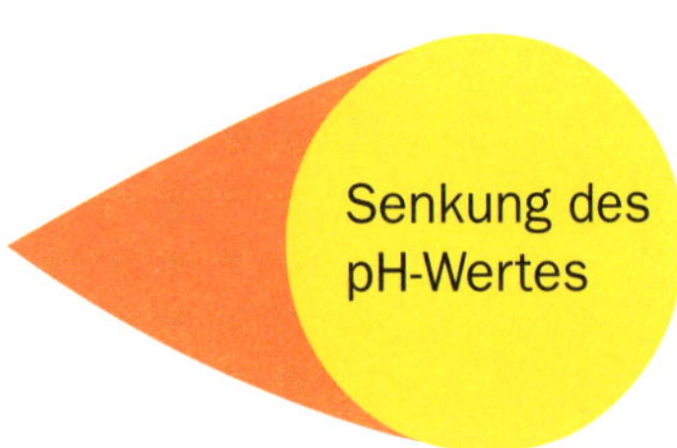

- Die Schnittfestigkeit (Gelbildung) wird .
- Die Umrötung der Rohwurst wird .
- Das Wachstum unerwünschter Keime wird .
- Die Abtrocknung der Rohwurst (Wasserabgabe) wird .

4 Informieren Sie sich im Fachbuch über eventuelle unerwünschte Abläufe durch eine zu hohe GdL-Zugabe und notieren Sie diese.

5 Besuchen Sie mindestens drei Supermärkte und/oder Discounter und prüfen Sie, ob und wenn ja, welche Farbstoffe für Rohwürste verwendet wurden. Schlagen Sie in den Rechtlichen Vorschriften nach, welche Mengen der verwendeten Farbstoffe erlaubt sind. Übertragen Sie die nachfolgende Tabelle auf ein Extrablatt und tragen Sie Ihre Ergebnisse ein.

Rohwurstsorte	Farbstoff ja/nein	Farbstoffbezeichnung	E-Nummer	Erlaubte Menge

Haltbarmachung von Rohwurst (Hürdenverläufe)

Der neue Mitarbeiter fragt Sie nach dem Unterschied zwischen Rohwurst und Dauerwurst. Sie erklären ihm anhand der Hürdenverläufe, wann aus einer Rohwurst eine Dauerwurst wird. Denn jede Dauerwurst ist zwar eine Rohwurst, aber nicht jede Rohwurst ist eine Dauerwurst.

1 Zeichnen Sie für jede Rohwurst die möglichen Hürdenverläufe. Beantworten Sie dazu die Fragen.

a) Salami, **normale** Reifung mit 28 g NPS, 5 g Doppelzucker, 2 g Einfachzucker

S	A	L	Z				S	Ä	U	R	E				T	R	O	C	K	N	U	N	G

Was bewirkt der Zucker (Einfach- und Doppelzucker)?

Was bewirkt das Nitritpökelsalz?

b) Salami, **langsame** Reifung mit 28 g KS, 300 mg Nitrat und 3 g Doppelzucker

S	A	L	Z				S	Ä	U	R	E				T	R	O	C	K	N	U	N	G

Was bewirkt der Doppelzucker?

Was bewirken das Kochsalz und der Salpeter?

c) Salami mit Starterkulturen (Lactobazillen), 28 g NPS, 3 g Doppelzucker und 4 g Einfachzucker

S	A	L	Z				S	Ä	U	R	E				T	R	O	C	K	N	U	N	G

Was bewirkt der Zucker (Einfach- und Doppelzucker)?

Was bewirkt das Nitritpökelsalz?

Was bewirken die Starterkulturen?

Name: Klasse: Datum:

10 Qualitätsbeurteilung

Der Fleischermeister hat einige Wurst- und Schinkensorten zur zentralen DLG-Qualitätsprüfung gesandt und lässt diese bewerten. In den vergangenen Jahren hat er mehrere Auszeichnungen erhalten. Sie fragen, was genau dort vor Ort mit der Wurst geschieht. Der Meister erklärt Ihnen den Verfahrensablauf und die Bewertungskriterien der sensorischen Wurstprüfung.

1 Die DLG-Wurstprüfung findet jährlich statt. Nennen Sie die Ziele der Wurstprüfung.

2 Beschreiben Sie die bei der Prüfung bestehenden Rahmenbedingungen.

3 Vervollständigen Sie die folgende Bewertungstabelle des DLG-Prüfschemas für die Produkteigenschaften.

Punkte	Qualitätsbeschreibung	Allgemeine Eigenschaften
		keine Abweichung von der Qualitätserwartung
		geringfügige Abweichungen
	zufriedenstellend	leichte Abweichungen
	weniger zufriedenstellend	
	nicht zufriedenstellend	

4 Nach erfolgter Prüfung werden die einzelnen Prüfmerkmale mit einem Gewichtungsfaktor multipliziert. Tragen Sie die fehlenden Angaben in das Schema ein und ermitteln Sie jeweils den Gewichtungsfaktor.

Prüfmerkmal	Prozentuale Wertung	Gewichtungsfaktor
Äußeres	10 %	
Aussehen, Farbe, Farbhaltung, Zusammensetzung		3
Konsistenz	20 %	
Geruch und	40 %	

Präsentation und Verkauf von Rohwurst

Sie stellen fest, dass immer wieder Kunden nach Salami fragen, aber eigentlich Schinkenplockwurst wünschen. Die Kunden kennen sich meist nur sehr wenig mit den speziellen Bezeichnungen der Rohwurstprokukte aus. Sie überlegen, wie Sie dies verändern können.

1 Zeichnen Sie in die Theke ein, welche Rohwürste Sie wo präsentieren würden. Übertragen Sie dafür die Zahlen der Würste in die Theke.

1 Mettwürstchen, Mettenden, Kohlwurst
2 frische Zwiebelmettwurst
3 Cervelatwurst, aufgeschnitten
4 Rohwürste in unterschiedlichen Därmen
5 Salami, aufgeschnitten
6 kleine Landjäger
7 Rohwurstspezialitäten im Ring
8 Teewurst-Säckchen

Kundenseite

2 Bei der Präsentation von Rohwurst sollte auf die Kontraste geachtet werden. Tragen Sie in die Tabelle ein, welche beiden Kontraste unterschieden werden, und geben Sie Beispiele an (▸ vgl. LF 13).

kontrast	kontrast

3 Beschreiben Sie, wie Rohwürste und Rohschinken außerdem im Laden dekorativ präsentiert werden können, und begründen Sie, warum nur diese Wurstsorten dafür geeignet sind.

4 Eine Kundin kommt mit einer streichfähigen Rohwurst zu Ihnen, um diese zu reklamieren, da sie graue Flecken hat und eine zähe Streichfähigkeit.
Zählen Sie stichwortartig auf, wie Sie sich bei einer Reklamation verhalten (▸ vgl. LF 13).

Name: Klasse: Datum:

Komplexe Aufgabe zur Prüfungsvorbereitung

Einerseits wird die Rohwurst bei den Verbrauchern immer beliebter, andererseits stellen immer weniger Fleischer eigene Rohwürste her. Außerdem steigen beim Verbraucher der Qualitätsanspruch und der Wunsch nach einer großen Produktauswahl. Sie diskutieren die Gründe für diese Entwicklung unter folgender Fragestellung: Haben viele Fleischer das Rohwurstherstellen verlernt oder ist der Zukauf eine vernünftige Entscheidung?

Rezepturbeispiel: Salami

Material für 100 kg Rohwurstmasse

30,000 kg R II	*8 % Fett*
10,000 kg S II (wird mit dem Rindfleisch fein gekuttert)	*8 % Fett*
30,000 kg S II	*8 % Fett*
30,000 kg S VIII	*90 % Fett*

Gewürze und Zutaten je kg Gesamtmasse

18 g	*Nitritpökelsalz*
10 g	*Kochsalz*
1 g	*Umrötungshilfsmittel (Ascorbat)*
5 g	*Zuckermischung*
0,5 g	*Starterkulturen*
3 g	*Pfeffer, weiß, gemahlen*
0,5 g	*Koriander*
3 g	*Weinbrand*
0,5 g	*Knoblauch, flüssig*

1. Tragen Sie in das Schaubild die Hauptfaktoren ein, die die Rohwursttechnologie für schnittfeste Rohwurst beeinflussen.

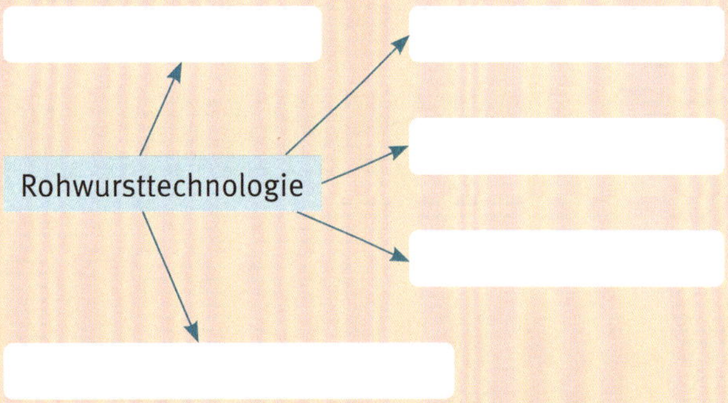

2. Die Produktionskosten für Rohwürste sind relativ hoch.
a) Erläutern Sie die beiden Faktoren, die zu diesen hohen Produktionskosten führen.
b) Beschreiben Sie die Gründe dafür, dass viele kleinere und mittlere Betriebe mehr Rohwurst zukaufen als selbst produzieren.

3. Bei Rohwürsten soll eine möglichst gute Haltbarkeit erzielt werden.
a) Formulieren Sie die Anforderungen, die das Rohmaterial deshalb erfüllen muss.
b) Geben Sie an, welches Rohmaterial am besten für die Rohwurstherstellung geeignet ist.

4. Stellen Sie in einem einfachen Schaubild den Abbau von Nitrat zu Nitrosomyoglobin dar.

5. Bei der Rohwurstherstellung wird häufig GdL zugesetzt. Beantworten Sie folgende Fragen dazu:
a) Wozu wird GdL in der Wurst umgewandelt?
b) Wie beeinflusst GdL den pH-Wert?
c) Welche Wirkungen werden mit dem Einsatz von GdL erzielt?

6. Definieren Sie das Produkt „Salami“ mithilfe der Leitsätze.

7. Die Darmauswahl hängt von der herzustellenden Rohwurst ab.
a) Zählen Sie die Natur- und Kunstdärme auf, die für Salami geeignet sind.
b) Nennen Sie die Natur- und Kunstdärme, die für Streichmettwürste geeignet sind.

8. Pfeffer ist das charakteristische Gewürz für schnittfeste Rohwurst.
a) Unterscheiden Sie die drei Arten des Pfeffers.
b) Welches Gewürz ist für streichfähige Rohwurst charakteristisch?

9. Beschreiben Sie den Herstellungsablauf von schnittfester Rohwurst mit mittelgrober Körnung.

10. Zählen Sie die fünf Reifevorgänge bei der Rohwurstreifung auf.

11. Beschreiben Sie die Naturreifung und nennen Sie weitere Reifeverfahren.

12. Unterscheiden Sie die Hürden beim Hürdenkonzept.

13. Nennen Sie die Fettgehaltsstufen für Rohwürste und zählen Sie fünf verschiedene Rohwürste mit ihren vorgeschriebenen BEFFE-Werten auf.

14. Berechnen Sie den Fettgehalt der oben beschriebenen Salami unter Berücksichtigung folgender Trocknungsverluste:
a) 10 % Trocknungsverlust
b) 20 % Trocknungsverlust

15. Erläutern Sie fünf Rohwurstfehler und ihre Ursachen.

Bei der regelmäßig stattfindenden Hygieneschulung in Ihrem Betrieb hat Ihr Chef festgestellt, dass die meisten Mitarbeiter nur unzureichende Kenntnisse über die lebensmittelvergiftenden Mikroorganismen haben und auch über Lebensmittelinfektionen nicht wirklich Bescheid wissen. Deswegen verteilt er verschiedene Aufgaben.

1 **a)** Vervollständigen Sie den Steckbrief über Salmonellen, der im Betrieb ausgehängt werden soll.
b) Erstellen Sie auf Extrablättern weitere Steckbriefe für EHEC, Staphylokokken, Kolibakterien, Botulinusbakterien, Schimmelpilze.

Wanted · Wanted · Wanted · Wanted

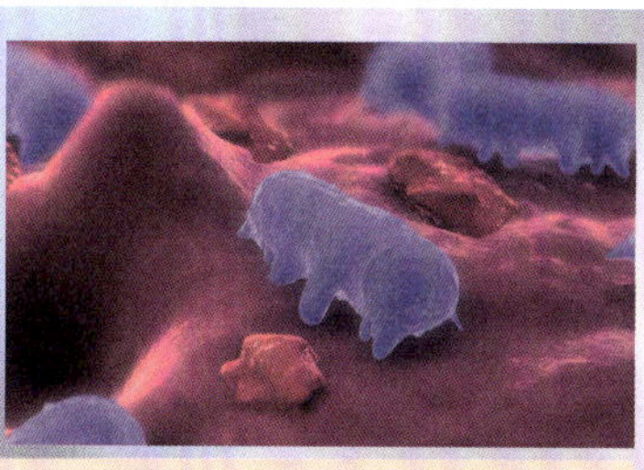

Name : ***Salmonellen***

Vorkommen:

Übertragung:

Anfällige Lebensmittel:

Erkennung infizierter Lebensmittel:

Vermehrung der Salmonellen:

Erkrankungsverlauf:

Meldepflicht:

Beschäftigung erkrankter Personen:

Bekämpfung:

Vorbeugemaßnahmen:

Name: Klasse: Datum:

11 Salate

Da die Nachfrage nach Salaten in Ihrer Fleischerei ständig steigt, sollen Sie Vorschläge für weitere Salatangebote machen. Bei der Auswahl berücksichtigen Sie insbesondere die ernährungsphysiologischen und saisonalen Belange.

1 Der Leitsatz für Feinkostsalate ist etwas durcheinandergeraten. Setzen Sie ihn bitte richtig zusammen.

Zutaten – sind verzehrfertige – abgestimmten Soße – geschmacklich – Feinkostsalate – Erzeugnisse – pflanzlicher – tierischer – hierauf – und/oder – Herkunft – in einer – aus

2 Tragen Sie ein, in welche Gruppen Salate unterteilt werden.

Salate

3 Viele Kunden bevorzugen Salate mit Marinaden beziehungsweise Dressings, weil Salate mit Mayonnaise einen hohen Kaloriengehalt haben. Nennen Sie die Bezeichnungen der drei wichtigsten Marinaden, aus denen ihre Zusammensetzung hervorgeht.

4 Für leichte Salate werden verschiedene Salatsorten verwendet. Geben Sie an, wie die abgebildeten Salatsorten heißen.

1
2
3
4
5
6

5 Fertigen Sie auf einem Extrablatt ein ausführliches Informationsblatt – möglichst mit Fotos – über einen saisonalen leichten Salat eigener Wahl an. Berücksichtigen Sie dabei insbesondere folgende Informationen:

- Verkehrsbezeichnung
- Zutaten
- Dressing
- Mengenverhältnisse
- Nährwertangaben
- Verzehrempfehlung bzw. mögliche Beilagen

6 Zur Herstellung von 1,000 kg Kräuter-Salatsoße werden folgende Zutaten benötigt: 250 g Eier, hart gekocht, 120 g Weinessig, 30 g Wasser, 25 g Zucker, 230 g Joghurt, 300 g fein gehackte Kräuter, 20 g Kochsalz und 15 g Paprika, edelsüß.Berechnen Sie die Rezeptmenge für 3,7 kg und 4,3 kg dieser Soße in g.

	Eier	Weinessig	Wasser	Zucker	Joghurt	Kräuter	Kochsalz	Paprika
3,7 kg								
4,3 kg								

Snacks/Fingerfood

Eine Arztpraxis hat bei Ihnen angefragt, ob Sie zur Eröffnung ein Büfett mit Fingerfood liefern könnten. Zusammen mit Ihrem Chef stellen Sie mithilfe einer variablen Angebotskarte eine passende Auswahl zusammen und machen Vorschläge für die Präsentation und den Büfettaufbau.

1 Entwerfen Sie eine Angebotskarte mit mindestens sieben verschiedenen Fingerfood-Arten. Nutzen Sie hierzu das Internet oder Ihr Fachbuch.

2 Die allgemein für eine Bestellung benötigten Daten des Bestellers wie Name, Adresse, Telefonnummer und Lieferdatum liegen Ihnen von der Arztpraxis bereits vor. Klären Sie in einem Telefongespräch alle weiteren Fragen, die Sie als Lieferant des Büfetts benötigen. Lesen Sie sich die Fragen durch und erläutern Sie, welche Informationen Sie dadurch für das Büfett erhalten.

?	i
Wie viele Gäste erwarten Sie? →	
Wie alt sind die Gäste und sind auch Kinder unter den Gästen? →	
Dürfen es auch ausgefallene Produkte sein? →	
Zu welcher Uhrzeit findet der Empfang statt? →	
Wie lange dauert der Empfang? →	

3 Machen Sie der Artzpraxis Vorschläge für die Anzahl und die Aufteilung des Fingerfoods für das Büfett.
Folgende Informationen haben Sie zusammengetragen:
Gästeanzahl: 30 Personen **Uhrzeit:** 9.00 Uhr bis 13.00 Uhr
Alter der Gäste: Geschäftskollegen und Kunden (ohne Kinder) mittleren Alters
Ausgefallene Produkte: Sushi und Kaviar dürfen dabei sein
Anzahl der Häppchen insgesamt:

Anzahl	Fingerfood

Name: Klasse: Datum:

Warme Produkte

In der Nähe Ihrer Fleischerei ist ein neuer Bürokomplex eröffnet worden. Aus diesem Grund überlegen Sie in Ihrem Team, wie Sie die Heiße Theke noch attraktiver machen können, um weitere Stammkunden für Ihr Mittagsgeschäft zu gewinnen.

1 Gestalten Sie einen Flyer im A-4-Format für das Mittagsgeschäft der kommenden Woche. Die Gerichte sollen abwechslungsreich sein, jeweils eine Sättigungsbeilage und Gemüse bzw. Salat enthalten. Zusätzlich sollen jeden Tag ein vegetarisches und ein fettreduziertes Gericht angeboten werden. Zur Bearbeitung der Aufgabe können Sie sich Speisekarten verschiedener Kantinen im Internet anschauen.

2 Eine von Ihnen initiierte Umfrage hat ergeben, dass viele Kunden sich mit dem bei Ihnen gekauften Essen in der Hand zu einem kurzen Spaziergang an den unmittelbar angrenzenden See begeben möchten. Machen Sie Vorschläge für warme Snacks, die der Kunde ohne Besteck im Gehen verzehren kann.

3 Eintöpfe/Suppen mit Einlage sollen Ihr Mittagsangebot abrunden. Die meisten Kunden erwarten eine selbstgemachte Suppe mit Fleisch-/Wurst-Einlage. Ordnen Sie den Suppen die passenden Einlagen zu, indem Sie den jeweiligen Buchstaben eintragen.

A Linsensuppe
B Erbseneintopf
C Reistopf
D Bohneneintopf
E Feuertopf
F Käsesuppe
G Gemüsesuppe

☐ Hackfleisch
☐ Mettwurst
☐ Gulasch
☐ Hühnchenfleisch
☐ Markklößchen
☐ Rindfleischstreifen
☐ Bockwurst

4 Sie wollen in der Heißen Theke zusätzlich eine Rinderbrühe und eine ungarische Gulaschsuppe anbieten. Pro Tag veranschlagen Sie für die Rinderbrühe 30 Portionen und für die Gulaschsuppe jeweils 50 Portionen. Die Ihnen vorliegenden Rezepte beziehen sich auf vier Portionen. Berechnen Sie die benötigten Zutatenmengen. Runden Sie die Zutatenmengen sinnvoll.

Rinderbrühe

Zutat	Menge	Menge x
Rindfleisch	500 g	
Rindsknochen	250 g	
Markknochen	1 Knochen	
Salz	½ TL	
Pfefferkörner	4 Körner	
Lorbeerblätter	1 Blatt	
Wasser	1,5 l	
Tomaten	1 Stück	
Möhren	120 g	
Lauch	150 g	
Sellerie	80 g	

Ungarische Gulaschsuppe

Zutat	Menge	Menge x
Rindfleisch	250 g	
Zwiebeln	200 g	
Tomaten	3 Stück	
Knoblauchzehen	2 Stück	
Schmalz oder Speck	75 g	
Tomatenmark	20 g	
Paprikagewürz, edelsüß	15 g	
Kümmel	5 g	
Majoran	10 g	
Salz und Pfeffer	je ½ TL	
Wasser	1,5 l	
geschälte Kartoffeln	2 Stück	
Rotwein zum Abschmecken	50 ml	

Kalte Produkte

Kalte Produkte (Snacks) wie belegte Brote oder Brötchen und Sandwiches bieten eine willkommene Abwechslung zu den anderen Speisen im Imbiss. Sie belegen die Snacks frisch vor den Augen der Kunden.

1 Tragen Sie in die Tabelle ein, welche Vorteile das Snackangebot für den Verbraucher und die Fleischerei hat.

Vorteile für den Verbraucher	Vorteile für die Fleischerei

2 Geben Sie jeweils vier verschiedene Beläge an, die sich unter wirtschaftlichen und geschmacklichen Aspekten für die angegebenen Snacks eignen.

Leichte Snacks:	
Erlesene Snacks:	
Deftige Snacks:	

3 Beschreiben Sie allgemein die Herstellung eines belegten Brötchens.

Arbeitsgang	Besondere Beachtung
Brötchen aufschneiden	*scharfes Sägemesser benutzen, Boden etwas dicker schneiden als den Deckel*

4 Sie wollen belegte Brötchen mit Hackepeter anbieten.
Zählen Sie die rechtlichen Belange auf, die dabei zu berücksichtigen sind.

Name: Klasse: Datum:

11 Qualitätsanforderungen

Der Verbraucher erwartet für sein Geld qualitativ hochwertige Ware. Um eine hohe Qualität zu gewährleisten, sollen Sie ein Merkblatt erstellen, das über die vorgegebenen Qualitätsrichtlinien informiert.

1 Beschreiben Sie die Anforderung für Fleisch, das zur Herstellung von Fleischerzeugnissen verwendet wird.

2 Nennen Sie die Qualitätsanforderungen, die für nachfolgend aufgeführte Erzeugnisse gelten.

Schnitzel:

Kotelett:

Frikassee:

Hacksteak:

Bratwurst:

3 Hackfleisch ist das Ausgangsmaterial für verschiedenste Erzeugnisse. Erläutern Sie die qualitativen Anforderungen für Hackfleisch und tragen Sie die Richtwerte (Verbrauchererwartung) für die Fettgehalte ein.

Schabefleisch	Schweinehack	Rinderhack	Mischhack

Warm- und Kaltlagerung

Sie sollen einer neuen Verkäuferin die thermische Lagerung der Imbissprodukte erläutern, um die Qualität der Produkte aufrechtzuerhalten und die hygienerechtlichen Vorschriften einzuhalten.

1 Zur Vermeidung von Qualitätsverlusten sind bei der Vorhaltung von Speisen bestimmte Temperaturbereiche einzuhalten. Ordnen Sie die Erzeugnisse den dazugehörigen Temperaturen zu.

Geflügelfleisch – Käse – Warmhaltetemperatur bei heiß zu haltenden verzehrfertigen Lebensmitteln – Fleisch, frisch – Speiseeis – bei Zubereitung von erhitzten Lebensmitteln – Hackfleisch

Höchsttemperaturen für kühlpflichtige Speisen, die folgende Lebensmittel enthalten

+10 °C:

+7 °C:

+4 °C:

+4 °C:

-10 °C:

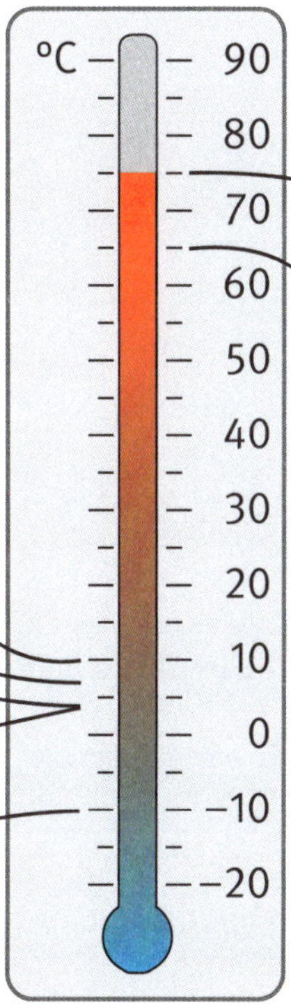

Mindesttemperaturen für heiß zu haltende Speisen

mind. + 75 °C Kerntemperatur:

+65 °C:

2 Bei der Warmhaltung von Speisen sind besondere Kriterien zu berücksichtigen. Kreuzen Sie die richtigen Angaben an.

- ☐ Die Temperatur warmer Gerichte zum Direktverzehr muss mind. 65 °C betragen.
- ☐ Die Temperatur warmer Gerichte zum Direktverzehr muss mind. 75 °C betragen.
- ☐ Warmhaltephasen können beliebig lang sein.
- ☐ Kurze Warmhaltephasen einhalten.
- ☐ Das Aufwärmen erkalteter Speisen darf nicht im Wasserbad (Bain-Marie) erfolgen.
- ☐ Zum Aufwärmen erkalteter Speisen eignet sich das Wasserbad (Bain-Marie) sehr gut.
- ☐ Speisen vom Vortag dürfen nicht mit frischen Produkten gemischt werden.
- ☐ Speisen vom Vortag werden zur Qualitätsverbesserung mit frischen Produkten gemischt.

3 Bakterien können sich unter günstigen Umständen in ihrer Anzahl alle 20 Minuten auf das Doppelte vermehren. Auf der Oberfläche des Fleisches beträgt die aktuelle Keimzahl 16^4 je cm^2. Wie hoch ist die Keimzahl nach zwei Stunden, wenn günstige Lebensbedingungen herrschen?

Nach zwei Stunden befinden sich ______ je cm^2 Keime auf dem Fleisch.

Name: Klasse: Datum:

Präsentation von verzehrfertigen Produkten

Eine wohldurchdachte und klar strukturierte Präsentation von Waren lässt dem Kunden seine Kaufentscheidung leichter fallen, denn „das Auge isst mit." Sie überlegen deshalb, welche Grundsätze bei der Warenpräsentation beachtet werden müssen.

1 Zählen Sie die allgemeinen Grundsätze auf, die bei der Warenpräsentation berücksichtigt werden sollten.

2 Verbinden Sie jeweils die zueinander passenden Stichwörter zur Präsentation von Feinkostsalaten mit Linien.

dunkle bzw. schwarze Schalen	heller Thekenuntergrund
farbige Schalen	dunkler Thekenuntergrund
helle Schalen	Kontrastwirkung zum Salat

3 Erklären Sie, was bei der Präsentation im Hinblick auf folgende Aspekte zu beachten ist.

Schüsselränder:

Oberfläche von Feinkostsalaten:

Beilagen zu Speisen:

Vegetarier:

4 Schweinekamm wird mit 4,35 €/kg betriebsintern verrechnet. Der Knochenanteil wird mit 20 % und der Schmorverlust mit 22 % kalkuliert.

a) Wie viel ganze Portionen zu je 160 g ergeben 6,500 kg Schweinekamm mit Knochen?

b) Wie viel € Materialkosten entspricht eine Portion als Fertigware?

Verkauf von verzehrfertigen Produkten

Ihre Fleischerei hat den Imbissbereich zu einer Stätte des gastronomischen Erlebnisses umgestaltet. Zur Abrundung des Konzepts sollen Sie eine Speise- und Getränkekarte entwickeln, damit der einfache Kauf zu einem kleinen positiven Ereignis wird.

1 Zählen Sie die allgemeinen Anforderungen an eine Speisekarte auf.

2 Fertigen Sie eine umfassende Speisekarte für Ihre Fleischerei an. Berücksichtigen Sie dabei die unter Aufgabe 1 genannten Anforderungen. Verwenden Sie ein A4-Blatt oder A5-Blatt.
Werten Sie die verschiedenen Ergebnisse innerhalb Ihrer Lerngruppe aus.

3 Berechnen Sie den Verkaufspreis für eine Portion Ungarische Gulaschsuppe (250 ml) mit folgenden Kostensätzen:
Gemeinkostensatz 85 %,
Gewinn 16 %,
Mehrwertsteuer 19 %.

Rezeptur: Ungarische Gulaschsuppe (2,5 Liter)	Einkaufspreis	Kosten für 2,5 l Gulaschsuppe
0,060 kg Fett	1,73 €/kg	
0,600 kg Rinderbug	6,73 €/kg	
0,600 kg Zwiebeln	0,77 €/kg	
0,030 kg Mehl	0,38 €/kg	
3,000 l Fleischbrühe	0,55 €/l	
0,400 kg Kartoffeln	0,37 €/kg	
0,300 kg Tomaten	1,25 €/kg	
0,300 kg Peperoni	2,14 €/kg	
½ Zitrone	0,24 €/Stück	
Würzmittel	0,33 € (pauschal)	

Summe 7,88 €

Zuzüglich Gemeinkosten, Gewinn und Mehrwertsteuer:

Kosten pro Portion:

Name: Klasse: Datum:

11 Komplexe Aufgabe zur Prüfungsvorbereitung

Jedes Jahr richten die Handwerkskammer und Handelskammer in Zusammenarbeit mit einer großen Tageszeitung die Veranstaltung „Azubi des Jahres“ aus. Als Sponsor für die Speisen wurde die Landesfleischerinnung gewonnen. Die Berufsschule für Fleischer gestaltet die Verköstigung im Rahmen eines Schülerprojektes. Beim Eintreffen der 400 Galagäste werden 1200 belegte Kaviarbrote in fünf Variationen gereicht. Nach der Präsentation der Sieger wird ein warmer Imbiss bereitgestellt.

Zutaten

	Roastbeef-Kaviarbrot 	**Lachsschinken-Kaviarbrot** 	**Schweinebraten-Kaviarbrot** 	**Lachs-Kaviarbrot** 	**Käse-Kaviarbrot** 
Auflage	1 Scheibe Roastbeef von 26 g	2 Scheiben Lachsschinken je 11 g	1 Scheibe Schweinebraten von 18 g	1 Scheibe Lachs von 28 g	1 Scheibe Gouda von 24 g
Kosten Auflage	19,80 €/kg	9,45 €/kg	8,32 € insgesamt	22,65 € für eine Seite = 32 Scheiben	8,90 €/kg, 70 Scheiben je Packung
Aufschneideverlust	9 %	7 %	8 %	5 %	2 %
Bratverlust	10,5 %		2,5 %		
Dekoration	insgesamt: 2 Tuben Remoulade, 1 Strauß Petersilie	je Scheibe: 2 Scheiben Maiskölbchen, ¼ gefächertes Cornichon	2 geviertelte Kiwischeiben, ¼ Cocktailkirsche	1 Tupfen Meerrettichsahne, 1 Zweiglein Dill	Paprikagewürz, Frischkäse mit Sahne verrührt, 1 kleine Brezel
Kosten Dekoration	Remoulade: 0,90 €/Tube Petersilie: 1,20 €/Strauß	Maiskölbchen: 1 Glas für 1,09 € Cornichons: 2 Gläser je 1,19 €	Kiwis: 8 Kiwis je 0,78 € Cocktailkirschen: 1 Glas für 1,95 €	Meerrettichsahne: 2 Tuben je 0,95 € Dill: 0,60 € insgesamt	Paprika: 1,15 € insgesamt Frischkäse: 2 Packungen je 1,95 € Sahne: 1 Becher zu 0,89 € Brezel: 8,90 € für 250 Stück

Weitere Zutaten:

8 g Butter je Brotscheibe. Ein Kilo Butter kostet 3,96 €.
Ein Stück Salatblatt je Brotscheibe. Für die Salatauflage werden 4 Köpfe Lollo rosso und 6 Köpfe Lollo bionda benötigt. Ein Salatkopf kostet 1,05 €.
Ein Kaviarbrot kostet 2,20 €. Aus einem Kaviarbrot lassen sich 24 Scheiben schneiden.
Alle Preise sind Nettopreise. Es müssen immer ganze Packungen kalkuliert werden.

1. Berechnen Sie die Kosten inklusive Mehrwertsteuer für je ein Kaviarbrot der oben angegebenen Sorten.
2. Wie hoch sind die Kosten inklusive Mehrwertsteuer für alle 1200 Kaviarbrote, die von der Fleischerinnung bezahlt werden müssen?
3. Beschreiben Sie die hygienischen Anforderungen, die bei der Herstellung, dem Transport und der Präsentation der Kaviarbrote zu berücksichtigen sind.
4. Machen Sie Vorschläge für den warmen Imbiss nach der Präsentation der Sieger.
5. Empfehlen Sie den Veranstaltern passende Getränke für den Empfangsimbiss und den warmen Imbiss.
6. Stellen Sie eine Liste zusammen, welches Geschirr und Besteck sowie welche Gläser und Geräte zur Verfügung stehen müssen.
7. Überlegen Sie, wie der Raum für die Veranstaltung dekoriert werden könnte.

Gewinnen von Rohstoffen – Tierschutz

Ein Kunde ist der Meinung, dass Fleischer sich grundsätzlich nicht um den Tierschutz kümmern. Sie widerlegen dieses Vorurteil, indem Sie ihm die vielseitigen Tierschutzmaßnahmen erläutern.

1 Nennen Sie Gründe, weswegen es im Sinne der Fleischer ist, die Bestimmungen des Tierschutzgesetzes zu beachten.

2 Der Fleischer kann aktiv an der Einhaltung des Tierschutzgesetzes mitwirken. Zählen Sie Maßnahmen auf.

3 Ergänzen Sie den folgenden Lückentext, der beschreibt, was im Umgang mit Schlachttieren verboten ist.

Es ist verboten, Tiere zu ______ oder zu treten. Sie dürfen auch nicht am Kopf, ______ gezogen werden oder so behandelt werden, dass sie unnötig ______ erleiden. Die Verwendung ______ Treibhilfen* oder anderer Geräte mit ______ ist nicht erlaubt, ebenso wenig das Anbinden ______ und das Anlegen ______. Es ist nicht gestattet, Tiere ohne vorherige ______ zu schlachten, also zu ______.

(* sind nur im Ausnahmenfall bei ausgewachsenen Rindern und Schweinen an den Hintervierteln maximal 1 s erlaubt)

4 Verstöße gegen den Tierschutz werden bestraft. Kreuzen Sie an, welche Strafen möglich sind.

- ☐ bei Strafbestand: mit Freiheitsstrafe bis drei Jahre oder mit Geldstrafe
- ☐ bei Strafbestand: mit Freiheitsstrafe bis sechs Jahre
- ☐ bei Ordnungswidrigkeiten: mit Geldbußen zwischen 1.000 und 5.000 €
- ☐ bei Ordnungswidrigkeiten: mit Geldbußen zwischen 5.000 und 25.000 €
- ☐ Verbot der Berufsausübung

Name: Klasse: Datum:

12 Krankheiten der Schlachttiere

Ein Praktikant, dem Fleischerberuf gegenüber sehr aufgeschlossen, möchte gerne wissen, was sich hinter den Kürzeln MKS und BSE verbirgt. Sie erläutern ihm diese beiden und weitere Krankheiten der Schlachttiere.

1 Vervollständigen Sie in der Tabelle die Krankheitsmerkmale und Erreger der abgebildeten Krankheiten.

	Krankheitsmerkmale	
Krankheit	**lebendes Tier**	**geschlachtetes Tier**
Schweinepest 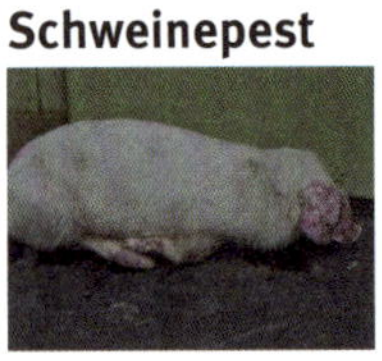	*Erreger:*	
MKS 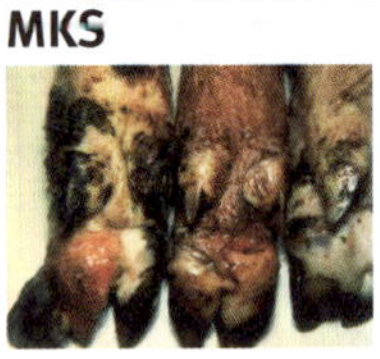	*Erreger:*	
Tollwuterreger 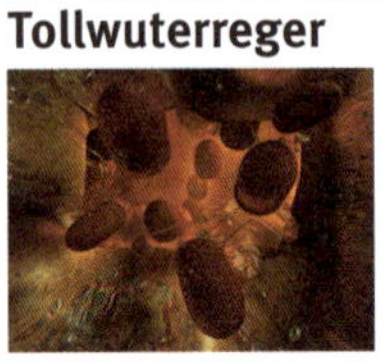	*Erreger:*	
Rotlauf 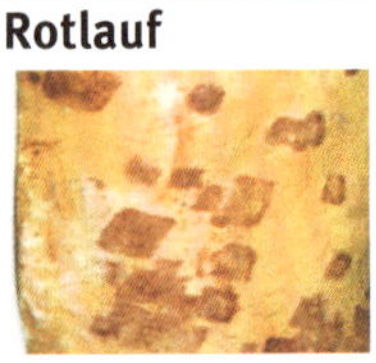	*Erreger:*	
BSE 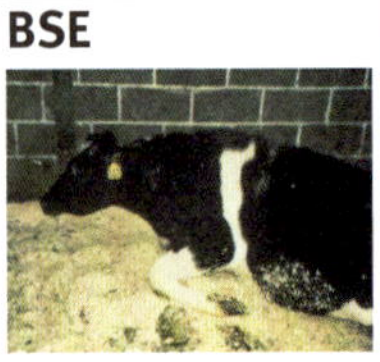	*Erreger:*	

2 Zählen Sie die Merkmale auf, an denen ein gesundes Tier zu erkennen ist.

Schlachtstempel

Am Tag der offenen Tür in Ihrer Fleischerei werden Sie von verschiedenen Besuchern gebeten, die Bedeutung und den Sinn der Stempel auf den Tierkörpern zu erläutern.

1 Mit dem Antrag auf EU-weite Zulassung als Schlachtbetrieb sind 15 verschiedene Unterlagen einzureichen. Nennen Sie mindestens 5 davon.

1
2
3
4
5
6
7
8
9
10
11
12
13
14
15

2 Erläutern Sie die Bedeutung folgender Stempel:

1 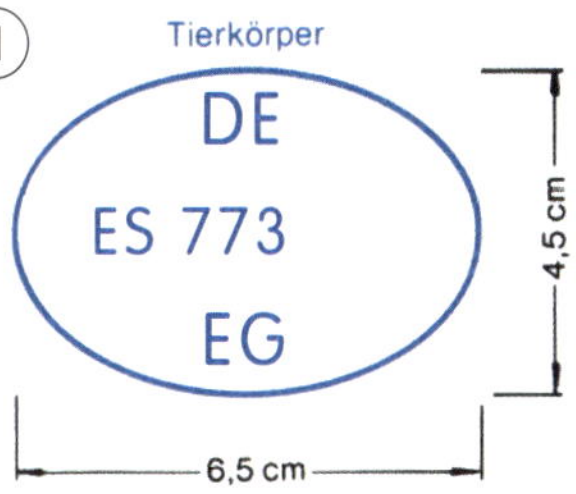

2 

3 

4 

1

2
3

4

Name: Klasse: Datum:

12 Betäubungsverfahren für Schlachttiere

Beim Schlachten der Schweine macht Sie der Fleischermeister darauf aufmerksam, dass die richtige und nachhaltige Betäubung der Tiere für das Fleisch von ausschlaggebender Bedeutung ist. Er erklärt Ihnen zum besseren Verständnis die Wirkungen der einzelnen Betäubungsverfahren.

1 Vervollständigen Sie den nachfolgenden Text aus der Tierschutz-Schlachtverordnung. Nehmen Sie die unten im Kasten vorgegebenen Begriffe zu Hilfe.

Tiere dürfen nur unter ________ von Schmerzen, ________ oder ________ getrieben werden. ________ ist die Tötung eines Tieres durch Blutentziehung. Vor der Blutentziehung sind die Tiere grundsätzlich zu ________, Ausnahme ist die unabänderliche Notschlachtung. ________ und ________ unter ________ dürfen beim Schlachten nicht anwesend sein. Die ________ muss schnell und ________ erfolgen. Als Betäubungsmittel sind Bolzenschussapparat, ________ und ________ Strom zugelassen. Nur ________ Personen dürfen die Schlachtung ausführen. Eine Weiterbearbeitung darf erst dann erfolgen, wenn der ________ vollständig eingetreten ist.

sachkundige – Leiden – betäuben – Schlachten – Unbefugte – Betäubung – CO_2 – nachhaltig – Kinder – Schäden – elektrischer – Tod – 14 Jahren – Vermeidung

2 Stellen Sie die Vor- und Nachteile der Betäubungsverfahren für Schlachttiere in der Tabelle gegenüber.

Betäubungsverfahren	Lebendes Tier	Geschlachtetes Tier
Bolzenschussapparat 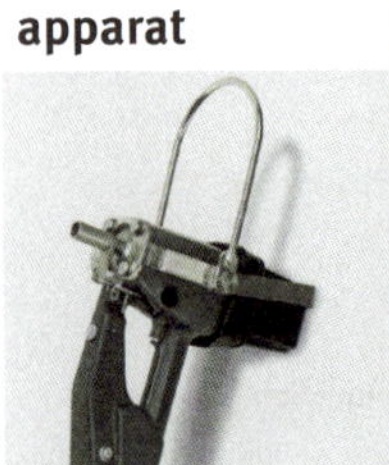		
elektrischer Strom 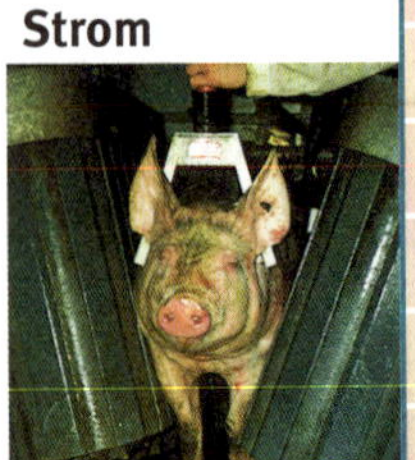		
CO_2-Betäubung 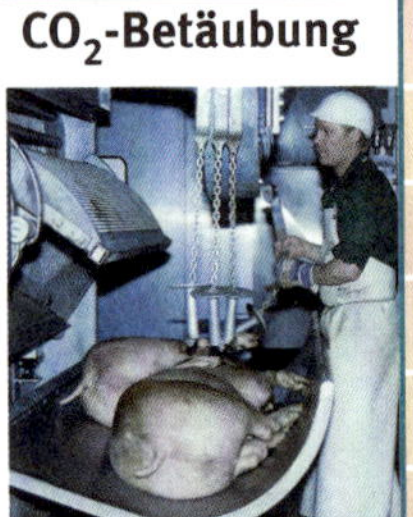		

Ablauf der Rinderschlachtung

Sie sollen den neuen Auszubildenden den Ablauf der Rinderschlachtung erläutern, damit sie genügend Informationen vor dem Einsatz in den einzelnen Abteilungen erhalten.

1 Tragen Sie die in den Arbeitsgängen 1 bis 10 dargestellten Tätigkeiten bei der Rinderschlachtung in die Tabelle ein.

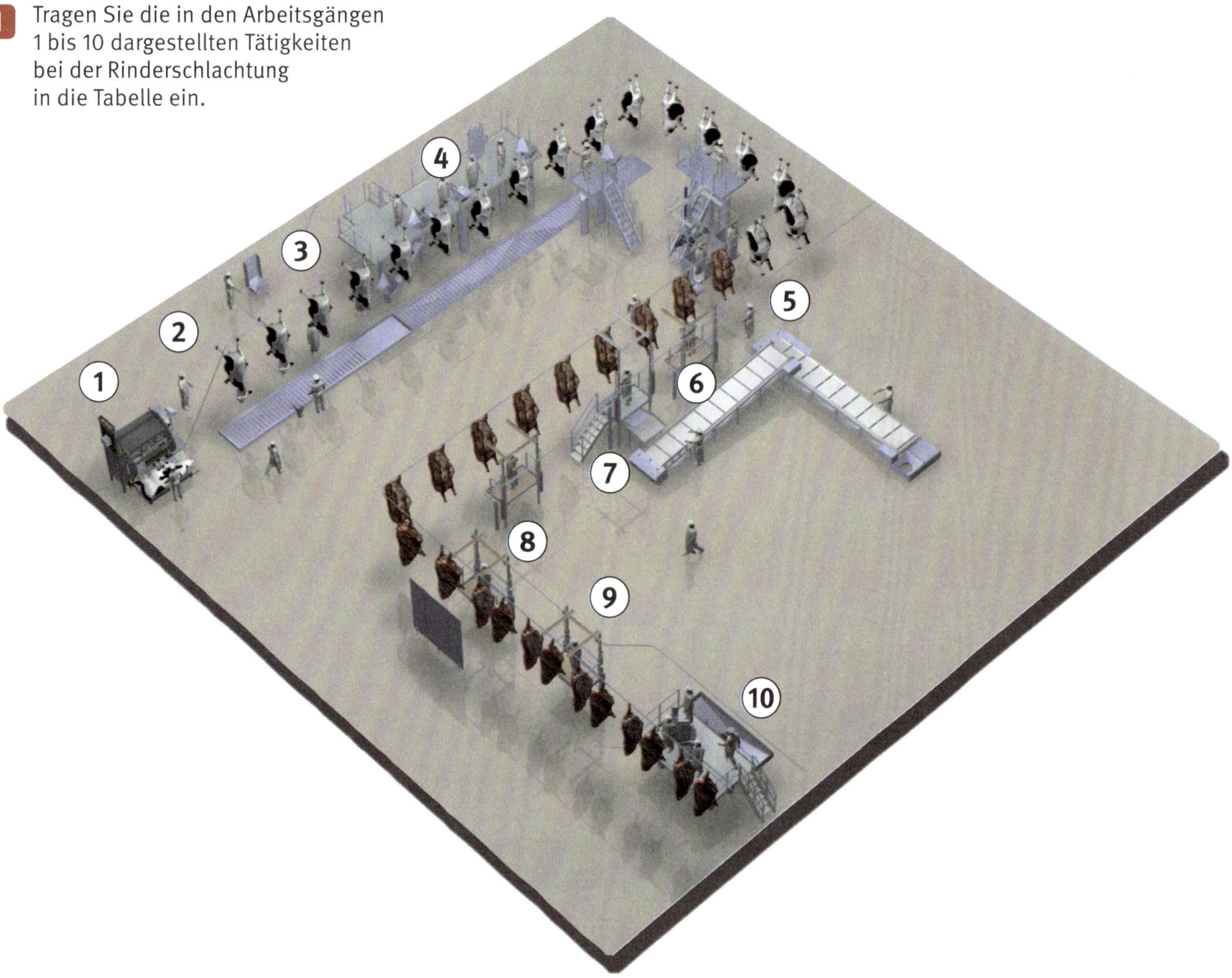

Arbeitsgang	Tätigkeit
1	
2	
3	
4	
5	
6	
7	
8	
9	
10	

Name: Klasse: Datum:

Ablauf der Schweineschlachtung I

Sie bereiten sich auf den Ausbildungsabschnitt Schweineschlachtung gemäß Ihres Ausbildungsvertrages vor. Dafür informieren Sie sich in Ihrem Schlachtbetrieb über die einzelnen Stationen.

1 Tragen Sie die in den Arbeitsgängen (1) bis (9) dargestellten Tätigkeiten bei der Schweineschlachtung in die Tabelle ein.

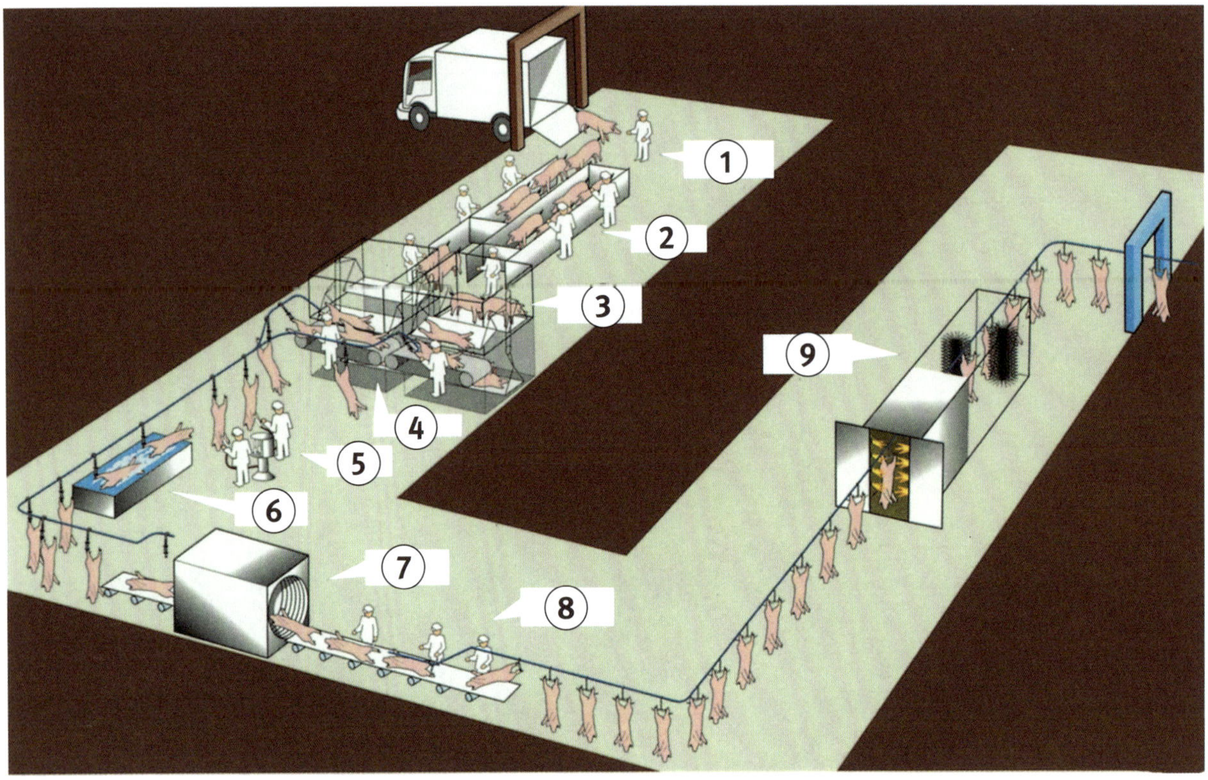

Arbeitsplatz	Tätigkeit
1	
2	
3	
4	
5	
6	
7	
8	
9	

2 Was versteht man unter Geschlinge und welche Organe gehören dazu?

Ablauf der Schweineschlachtung II

3 Tragen Sie die an den jeweiligen Arbeitsplätzen stattfindenden Tätigkeiten in die Tabelle ein.

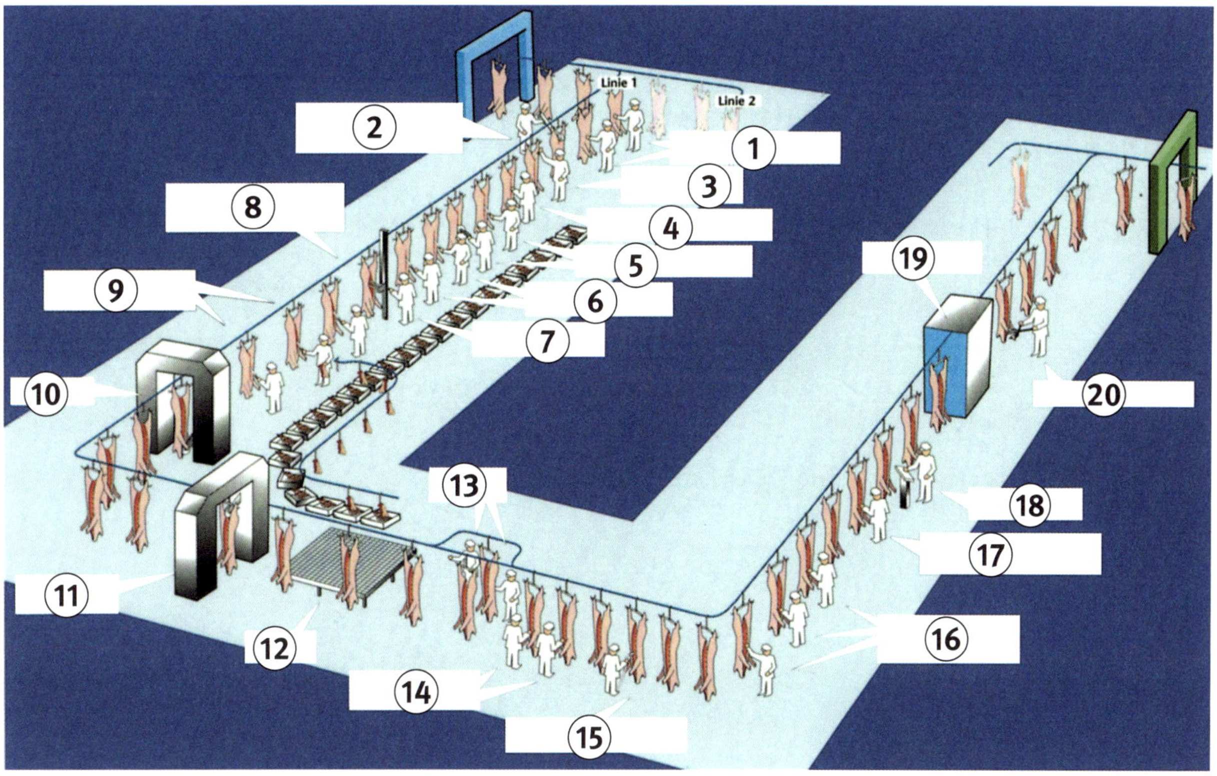

Arbeitsgang	Tätigkeit
1	
2	
3	
4	
5	
6	
7	
8	
9	
10–11	
12–14	
15	
16	
17	
18	
19	
20	

Name: Klasse: Datum:

Blutgewinnung und Blutbehandlung

Sie erläutern einem neuen Kollegen die Notwendigkeit der schnellen Bearbeitung von frisch gewonnenem Blut.

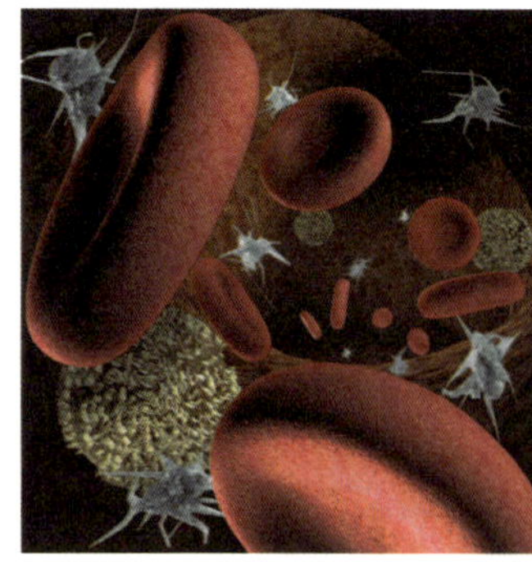

1 Geben Sie an, was beim Blutentzug der Schlachttiere grundsätzlich zu beachten ist.

2 Unbehandeltes Blut gerinnt meist schon nach kurzer Zeit.
a) Erklären Sie den Vorgang der Blutgerinnung.

b) Streichen Sie die falsche Aussage durch.
Geronnenes Blut ist für die Wurstherstellung unbrauchbar.
Geronnenes Blut ist für die Wurstherstellung brauchbar.

3 In der Wurst- und Fleischwarenherstellung wird flüssiges Blut bzw. Blutplasma benötigt.
a) Nennen und beschreiben Sie die Methoden, mit denen es flüssig bleibt.

Methode	Ablauf

b) Ordnen Sie folgende Vor- und Nachteile den drei Methoden mit Pfeilen zu:

Die Methode ist hygienisch nicht ganz unbedenklich.

Es kann zu allen Brühwürsten, Brühwurstpasteten und -rouladen verwendet werden → es hat keine färbende Wirkung mehr.

Ein Teil des wertvollen Eiweißes wird der Wurstherstellung vorenthalten.

Das Fibrin bleibt im Blut → höherer Eiweißgehalt.

Rühren des Blutes

Stabilisieren des Blutes

Separieren von Blutplasma

Fleischbeschau/Fleischuntersuchung

Damit keine gesundheitlichen Gefährdungen von den Erzeugnissen der Fleischerei ausgehen, ist eine lückenlose Überwachung des Fleisches von der Gewinnung bis zum Verkauf unerlässlich. Ein Teil davon ist die Fleischbeschau, die Ihnen der Fleischermeister erklärt.

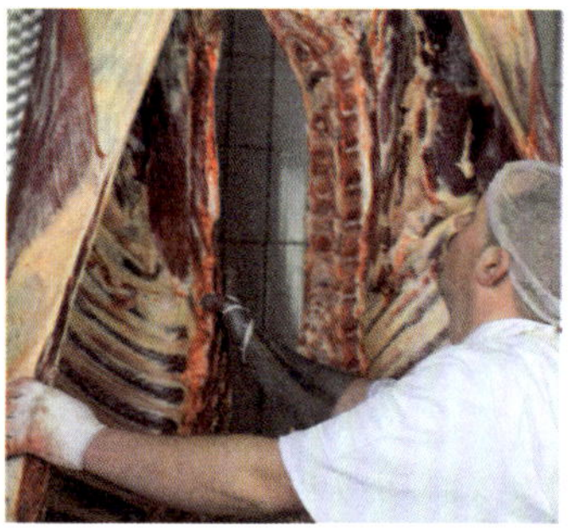

1 Die Fleischbeschau als amtliche Untersuchung der Schlachttiere hat festzustellen, ob das Fleisch für die menschliche Ernährung geeignet ist.

a) Zählen Sie die Kriterien auf, die durch die Kontrollperson zu beurteilen sind.

b) Welche Untersuchungen werden nach der Schlachtung durchgeführt?

2 Erläutern Sie die zwei Methoden der gesetzlich vorgeschriebenen Trichinenuntersuchung.

Quetschglasmethode	Verdauungsmethode

Name: Klasse: Datum:

Zusammenstellen von Gerichten

Bekannt ist der Ausspruch „Es läuft einem das Wasser im Mund zusammen". Durch die Wahrnehmung von Gerüchen, aber auch durch die Farbzusammenstellung und Anordnung der Speisen auf dem Teller, lässt sich der Appetit anregen. Damit der Ausspruch für die Kunden wahr wird, muss das Personal eines Fleischerei-Fachgeschäftes die Fähigkeit beherrschen, Gerichte richtig zusammenzustellen. Dies gilt sowohl für die Beratung der Kunden an der Bedientheke, an der Heißen Theke beim Zusammenstellen von Speisen als auch beim Partyservice bzw. Catering.

1 Bei der Zusammenstellung von Gerichten werden vier Komponenten (Speisen) unterschieden: Eiweißträger, Ballaststoffträger, Stärketräger und Soße.
Ordnen Sie die unten stehenden Speisekomponenten den in der Tabelle angegebenen Eiweißträgern zu, sodass ein komplettes Gericht entsteht, das den Kunden „das Wasser im Munde zusammenlaufen" lässt. (Anmerkung: Die Komponenten können mehrfach verwendet werden, einige Eiweißträger werden nur mit zwei Komponenten ergänzt.)

Spinat – Bratkartoffeln – Folienkartoffel – Krautsalat – braune Soße – säuerlich braune Soße – Reis – Erbsen und Möhren – gemischter Salat – in Schmalz gedünstete Zwiebelringe – Currysoße – Senf – Kartoffelklöße – Semmelknödel – Blattsalat – Sauce hollandaise – Nudeln – Leipziger Allerlei – Tomatensalat – Bouillonkartoffeln – Rotkohl – Salzkartoffeln – Grünkohl – Kartoffelpüree – Kartoffelgratin – Remouladensoße – grüne Bohnen – Rote Bete – Meerrettichsoße – Röstkartoffeln – Sour Cream – Apfelmus – Kartoffelsalat – Pommes frites

Eiweißträger: Fleisch/Fisch/Geflügel	Ballaststoffträger: Gemüse/Salat	Stärketräger: Kartoffeln/Reis/Klöße/Nudeln	Soße: meist gebunden/hell oder dunkel
Tafelspitz, gegart			
Schweinekrustenbraten			
Lachssteak			
Sauerbraten			
Roastbeef, rosa gebraten			
Rinderschmorbraten			
Grillhähnchen			
Leber Berliner Art			
Rouladen			
Gulasch			
Seelachsfilet			
Putengeschnetzeltes			
Rumpsteak			
Kasseler/Kohlwurst			
Lammkeule			

2 Diskutieren Sie in Ihrer Klasse, warum keiner zum Grillhähnchen Rotkohl, Klöße und Meerrettichsoße gewählt hat.

Brühen, Suppen, Eintöpfe

Fachkenntnisse über Brühen, Suppen und Eintöpfe sind nicht nur in der direkten Kundenberatung gefragt. Fleischer, die diesen Bereich beherrschen, können diese Produkte zusätzlich selbst herstellen und mit einer guten Gewinnspanne u. a. an der Heißen Theke gewinnbringend verkaufen. Häufig sind es gerade die Knochen, die ungenutzt entsorgt werden, obwohl sie Grundlage vieler Brühen, Suppen und Eintöpfe sind.

1 Ergänzen Sie zu folgenden Grundbrühen die Zusätze und jeweils eine Brüheinlage.

Brühe	Zusätze	Einlage
Fleischbrühe		
Geflügelbrühe		
Wildbrühe		
Fischbrühe		
Gemüsebrühe		

2 Die regionale Küche gewinnt in den letzten Jahren immer stärker an Bedeutung. Informieren Sie sich in Ihrem Umfeld nach einer regionalen gebundenen Suppe und tragen Sie die wichtigsten Informationen in unten stehende Tabelle ein. Beispiel: Gulaschsuppe

Bezeichnung der Suppe	Verwendete Grundbrühe	Zutaten	Art der Bindung
Gulaschsuppe	Fleischbrühe	Rindfleisch, Zwiebeln, Paprika	gebundene braune Suppe

3 Ein Restaurantbetrieb bestellt geschrotetes Klärfleisch für eine Kraftbrühe. Erklären Sie folgende Begriffe:

Kraftbrühe:

Typisches Klärfleisch:

4 Lösen Sie das folgende Rätsel. Das Lösungswort ergibt den Namen eines Gerätes, das in der Fleischerei vielseitig eingesetzt werden kann. (Ä = AE, Ö = OE, Ü = UE)

1. Gegartes Fleischgericht aus der Wiener Küche
2. Grundflüssigkeit für verschiedene Suppen
3. Rosa gebratenes Fleisch zu Remouladensoße
4. Beliebtes Wintergemüse, u. a. zu Sauerbraten
5. Rindfleischteil mit besonderer Eignung für Gulasch
6. Häufig verkaufte Fleischspeise aus dünnen Rindfleischscheiben
7. Überbackenes Kartoffelgericht
8. Hauptarbeitsgebiet eines/einer Fleischereifachverkäufers/-in

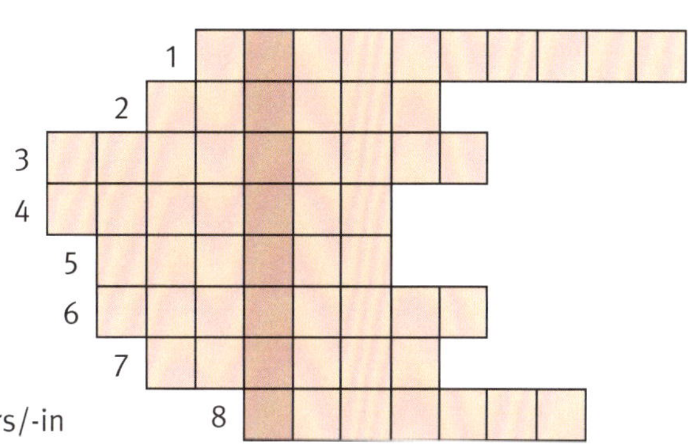

Name: Klasse: Datum:

12 Fleischgerichte

Seit einigen Jahren geht der Trend in Supermärkten – nicht nur für Wurst, sondern auch für Fleisch – zu SB-Truhen mit SB-Fertigpackungen, die teilweise mit aufgedruckten Rezepten einen weiteren Kundennutzen bieten.
Verbraucherbefragungen ergaben ein großes Interesse an kompetenter Beratung hinsichtlich der Zubereitung, Garmethode, Mengenangabe und passenden Beilagen. Daher ist an der Bedientheke neben dem Fachwissen eine gute Kommunikationsfähigkeit seitens des Verkaufspersonals gefordert, um den SB-Bereichen der Mitbewerber etwas entgegenzusetzen und um letztendlich den eigenen Arbeitsplatz zu erhalten.

1 Ergänzen Sie die fehlenden Angaben für unten stehende Fleischteile des Rinds.

Fleischteil	Beschreibung des Fleischgerichts	Garmethode	Garzeit für ca. 1000 g	Rohgewicht pro Portion
Roastbeef			bis Kerntemperatur:	
Rinderfilet			bis Kerntemperatur:	(für 2 Portionen)
Rinderbrust, schier				
Rinderober-schale				
Falsches Filet				
Kugel				
Rinderhüfte			je Seite	
Rindernacken				

2 Tragen Sie die fehlenden Angaben für unten stehende Kalbfleischgerichte ein.

Bezeichnung des Fleischgerichts	Verwendetes Fleischteil	Kurzbeschreibung des Fleischgerichts	Rohgewicht pro Portion
Kalbsgeschnetzeltes			
Saltimbocca			
Cordon bleu			
Osso buco			
Kalbsfrikassee			

Qualitätsanforderungen

Das Fleischerfachgeschäft muss nicht nur für Fleisch- und Wurstwaren, sondern auch für Gerichte, und hier besonders für Fleischgerichte, ein gleichbleibend hohes Qualitätsniveau einhalten. Um dies zu gewährleisten, sind regelmäßige Qualitätsprüfungen erforderlich.

1 Bereiten Sie folgendes Fleischgericht für vier Personen zu: Königsberger Klopse mit Salzkartoffeln und grünem Blattsalat mit Joghurtdressing.
Überprüfen Sie das von Ihnen hergestellte Gericht anhand der unten stehenden **Prüfmerkmale der DLG.**

Äußere Beschaffenheit in verzehrfähigem Zustand

Farbe
- zu blass
- zu dunkel
- ungleichmäßig
- grau/grünfleckig
- Bräunung missfarben

Fleisch
- Fleisch zu sehr zerstückelt
- Fleisch schlecht hergerichtet
- Fleischauswahl mangelhaft
- Magerfleischeinlage zu wenig
- Fettanteil zu hoch
- Sehnenanteil zu hoch
- Knorpelteile
- Kruste/Oberfläche dick
- Kruste/Oberfläche zu dicht
- Knochenteilchen
- Panade/Backteig schrumpelig, faltig
- Panade aufgeblasen, ablösend, geplatzt
- Saftaustritt bei panierten Erzeugnissen
- Fleischeinlage blass
- Fleischeinlage zu dunkel
- sonstige Einlage zu viel
- sonstige Einlage zu grob

Soße
- Farbe zu hell
- Farbe zu dunkel
- Soße zu trüb
- Soße zu fett
- Soßenanteil zu hoch

Konsistenz/Beschaffenheit

Fleisch
- zu weich
- im Biss zu schwammig
- wässerig
- gummiartig
- zu fest
- zu trocken
- zäh
- bröckelig
- Zusammenhalt mangelhaft
- zerfasert
- Teile unzerkaubar
- Panade im Biss zu hart, zäh
- Panade im Biss zu weich, zerfallen
- Panade pappig, kleistrig, schleimig

Soße
- Soße zu dick
- Soße schleimig
- Soße klumpig
- Soße entmischt
- Soße griesig

Geruch und Geschmack

Fleisch
- salzig
- sauer
- süßlich
- bitter
- fettig
- Würzung zu schwach
- Würzung zu stark
- Würzung nicht abgestimmt
- Fleischaroma zu gering
- Lockerungsmittel schmeckt zu stark vor
- metallisch
- talgig
- tranig – fischig
- seifig
- ranzig
- Frische fehlt
- alt
- dumpfig und muffig
- schimmelig
- faulig

Soße
- salzig
- zu sauer
- zu süß
- bitter
- Würzung nicht abgestimmt
- Würzung zu stark
- Würzung zu schwach
- Soße mehlig
- brennerig
- metallisch
- talgig
- ranzig
- Frische fehlt
- alt
- dumpfig und muffig

Name: Klasse: Datum:

12 Verkauf

Als Sie heute in der Imbissabteilung helfen, beschwert sich eine Kundin, dass das Essen wieder nicht richtig heiß sei. Sie überlegen, welche Ursachen dies haben könnte.

1 Speisen und Gerichte werden häufig vorgefertigt und eingefroren. Bei der Abgabe an den Kunden müssen diese wieder auf eine angemessene Verzehrtemperatur erhitzt (regeneriert) werden. Nennen Sie die Regeln, die bei der Wiedererhitzung mittels Kombidämpfer beachtet werden müssen.

2 Eine Heißpräsentation von verzehrfertigen Speisen und Gerichten ist in Stoßzeiten unumgänglich. Für den Inhaber der Imbiss-Verkaufsstelle stehen diesbezüglich mehrere technische Lösungen zur Auswahl. Tragen Sie in die Tabelle ein, für welche Speisen die angegebenen Geräte geeignet sind und welche Vor- bzw. Nachteile die Geräte haben.

Warmhaltetechnik	Eignung für Warmspeisen	Vor- bzw. Nachteile
Offene Wärmeplatten		
Wärmebrücken mit Infrarotstrahler		
Wärmevitrine mit feuchter Heißluft		

3 Nennen Sie die Bezeichnung des abgebildeten Gerätes und seine Vorteile für den Fleischer und den Kunden.

Bezeichnung:

Vorteile:

Präsentation/Verpackung

Ihre Fleischerei hat bisher nur verschiedene kalte Snacks angeboten. Nun sollen auch Fertiggerichte angeboten werden. Sie sollen sich darüber informieren, welche technischen Geräte dafür erforderlich sind, welche Verpackungsformen es gibt und wie die Fertiggerichte gekennzeichnet werden müssen.

1 Für die Präsentation von Fertiggereichten sind verschiedene technische Geräte erforderlich. Verbinden Sie jeweils mit Pfeilen die zueinanderpassenden Speisen und Geräte. Zu einigen Gerichten passen mehrere Geräte.

Suppen, Soßen	Mikrowelle, Umluftofen
Kartoffeln, ungebundenes Gemüse	Bain-Marie
Pizzen, Aufläufe, Gratins	Wärmestrahler
Schnitzel, Bratwürste, Frikadellen	Kühltheke, Kühlvitrine
Gekühlte Speisen für den Heißverzehr	Offene Kontakt-Wärmeplatten
Fleisch, gekocht (z. B. Eisbein)	Wärmebrücken
Nudelgerichte	Wärmevitrinen mit feuchtgesättigter Warmluft

2 Zählen Sie Verpackungen auf, in denen verzehrfertige Gerichte und Speisen zum Außer-Haus-Verzehr an den Verbraucher fachgerecht abgegeben werden können.

3 Nennen Sie die Anforderungen, die an die Behältnisse zum Transport von verzehrfertigen Gerichten gestellt werden.

4 Ein Teil der Fertiggerichte soll zur Vereinfachung in Menüschalen zur Selbstbedienung im Außer-Haus-Verkauf angeboten werden. Informieren Sie sich über die erforderliche Kennzeichnung. Lösen Sie dafür das folgende Silbenrätsel. Finden Sie die Kennzeichnungselemente heraus.

DATUM · BEZEICHNUNG · GEHALT · NAME · MENGEN · STOFFE · HERSTELLER · ZUTATEN · NÄHRWERT · MINDEST · ZUSATZ · ALLER · VERKEHRS · ANGABE · HALTBARKEITS · ENERGIE · HERSTELLER · VERZEICHNIS · ANGABEN · ZUBEREITUNGS · ANSCHRIFT · HINWEISE · GENE

V b	*M a*	*E g*
H n	*Z s*	*N a*
H a	*A g*	*Z h*
Z v	*M h d*	

Name: Klasse: Datum:

12 Konservenherstellung

Auf dem Schulweg diskutieren Sie mit Ihren Mitschülern die Vor- und Nachteile der Konservenherstellung. Sie stellen fest, dass sich eine intensive Erhitzung zwar positiv auf die Haltbarkeit, aber meistens nachteilig auf die sensorischen und ernährungsphysiologischen Eigenschaften auswirkt. Sie überlegen daher, was bei der Konservenherstellung zu beachten ist.

1 Ergänzen Sie den Lückentext über die verschiedenen Konservierungsverfahren. Nehmen Sie dafür die unten im Kasten vorgegebenen Begriffe zu Hilfe.

Thermische Verfahren (z. B. ______, ______, ______) werden in der Fleischverarbeitung in großem Umfang eingesetzt, wobei die Verlängerung der ______ das wichtigste Anliegen ist. Die Haltbarkeitsverlängerung wird bei den thermischen Verfahren durch zwei unterschiedliche Wirkungsprinzipien erreicht: Durch Anwendung ______ Temperaturen werden die mikrobiellen, enzymatischen und chemischen Vorgänge, die den ______ verursachen, in ihrer ______ herabgesetzt. Dadurch wird die Haltbarkeit ______. Aber bei TK-Waren werden die o. g. Prozesse nicht ganz ausgeschaltet. Deshalb sind auch tiefgefrorene Produkte nur begrenzt lagerfähig. Die Anwendung sehr ______ Temperaturen hat dagegen eine wirkliche Inaktivierung von Enzymen und eine Abtötung von ______ zur Folge. Da chemische Verderbprozesse durch eine Hitzebehandlung nicht ausgeschaltet werden können, sind selbst ______, die als praktisch steril anzusehen sind, nur ______. Bei der Hitzekonservierung kann man sich das Absterben der Mikroorganismen als einen ______ Prozess vorstellen. Dabei steigt die Zahl der ______ Mikroorganismen ______ (im gleichen Verhältnis) zur Höhe der ______ und der ______ ihrer Einwirkung im Kern der Konserve.

Temperatur – Wirksamkeit – hoher – Vollkonserven – fortschreitenden – Verderb – proportional – verlängert – niedriger – Kühlen – Mikroorganismen – Dauer – Haltbarkeit – Gefrieren – abgestorbenen – begrenzt lagerfähig – Sterilisieren

2 Erläutern Sie die beiden Konservenherstellungverfahren „Pasteurisieren" und „Sterilisieren".

Pasteurisieren ______

Sterilisieren ______

3 Bei der Konservenherstellung wird eine möglichst lange Haltbarkeit bei gleichzeitiger Erhaltung des Nähr- und Genusswertes angestrebt.

a) Welche Forderung muss zur Erreichung dieses Zieles an die Sterilisation gestellt werden?

b) Was gibt der F-Wert an?

c) Stellen Sie zur Beziehung zwischen Sterilisationszeit, Kerntemperatur und F-Wert eine Regel auf.

Einteilung und Eigenschaften von Konserven

Die Fleischereifachverkäuferin möchte von Ihnen für die Kundenberatung die Unterschiede zwischen den verschiedenen Konserventypen wie Halb-, Dreiviertel- und Vollkonserven wissen. Sie erläutern ihr die jeweiligen Merkmale und die Kennzeichnung der Konserven.

1 Bestimmen Sie anhand der Abbildungen die sechs Typen von Fleischkonserven. Geben Sie des Weiteren die Lagerfähigkeit an und überlegen Sie sich jeweils mindestens zwei Produktbeispiele.

	Bezeichnung	Lagerfähigkeit	Beispiele

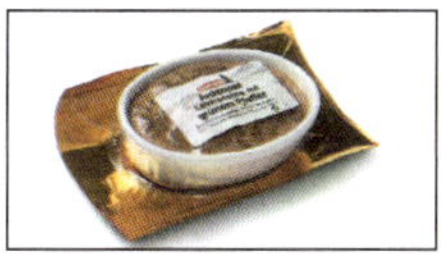			

2 Nennen Sie die Kennzeichnungselemente, die bei Konserven vorgeschrieben sind.

3 In Gegendruckautoklaven wird durch Einleitung von Pressluft ein Druck erzeugt, der von außen auf die Konserve wirkt. Dabei wird der beim Erhitzen entstehende Innendruck aufgehoben.

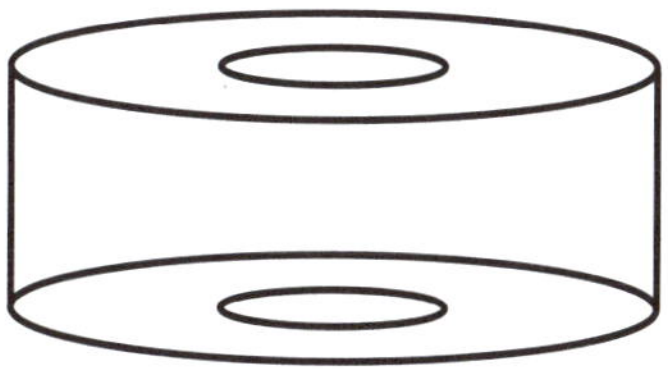

a) Zeichnen Sie die Druckverhältnisse (Doseninnendruck und Gegendruck) beim Gegendruckautoklaven durch Pfeile in die Abbildung ein.

b) Welche Vorteile bieten Gegendruckautoklaven?

Name: Klasse: Datum:

12 Mängel in der Konservenherstellung und -lagerung

Der Herstellungsprozess von Konserven verlangt in allen Phasen größte Sorgfalt und Sauberkeit, um beträchtliche Verluste zu verhindern. Trotzdem kam es in Ihrem Betrieb vor Kurzem zu Konservenfehlern. Sie sollen dabei mithelfen, die Ursachen dafür zu finden.

1 Geben Sie die allgemeine Bezeichnung für Konservenfehler an.

2 Konservenfehler können biologische, chemische oder physikalische Ursachen haben. Ordnen Sie die folgenden Auslöser den verschiedenen Konservenfehlern zu, indem Sie folgende Buchstaben eintragen:

B – biologische Ursache **C** – chemische Ursache **P** – physikalische Ursache

- ☐ Ausgangsmaterial mit sehr hohem Keimgehalt
- ☐ Säure korrodiert die Dosenwand
- ☐ Dosenmaterial war undicht
- ☐ Stauchung der Dose durch unsachgemäßen Transport
- ☐ im Füllgut enthaltene Säure reagiert mit dem Dosenmetall
- ☐ Vorhandensein von hitzeresistenten Sporen
- ☐ Gegendruck während der Sterilisationsphase war zu gering
- ☐ Nichteinhaltung der Sterilisationstemperatur
- ☐ Füllgut wurde zu kalt eingefüllt
- ☐ gasbildende Mikroorgansimen im Füllgut

3 Konserven sollten im Temperaturbereich von 4 bis 20 °C gelagert werden. Die relative Luftfeuchte darf max. 75 % betragen. Erläutern Sie, warum sich eine niedrigere bzw. höhere Lagertemperatur schädigend auswirken kann.

Temperatur > 20 °C	Temperatur < 4 °C

Luftfeuchtigkeit > 75 %	Luftfeuchtigkeit < 75 %

Herstellen besonderer Fleisch- und Wurstwaren

Der Verbraucher kann heute aus einem vielfältigen Lebensmittelangebot wählen. Deshalb sollte die Fleischerei neben dem qualitativ hochwertigen Standardsortiment auch Fleisch- und Wurstwaren herstellen, die aus nicht alltäglichen Bestandteilen wie beispielsweise Filet, Wild, Pfifferlingen oder Teig bestehen.

1 Kalkulieren Sie die Kosten der Rezeptur für Schweinefiletpasteten mit Pfifferlingen im Pastetenteig. Berechnen Sie anschließend die Kosten für eine Filetscheibe von 150 g.

Rezeptur Brät	Preis/kg in €	Gesamtpreis in €
1,600 kg S II	2,65	
1,600 kg Ka II	8,50	
1,200 kg S VIII	1,70	
1,200 kg Sahne	2,80	
Gesamtpreis		

Rezeptur Einlage	Preis/kg in €	Gesamtpreis in €
1,200 kg Schweinefilets	8,30	
0,600 kg TK Pfifferlinge	14,00	
0,400 kg Schinkenwürfel	12,85	
Gesamtpreis		

Gewürze/Zutaten je kg Brät	Preis/kg in €	Gesamtpreis in €
22 g NPS	0,24	
1 g Umrötungshilfe	9,65	
6 g Pastetengewürz	14,55	
4 g Petersilie frisch	3,90	
Gesamtpreis		

Rezeptur Teig	Preis/kg in €	Gesamtpreis in €
2,000 kg Weizenmehl	0,40	
0,800 kg Schmalz, gut gekühlt	5,35	
0,020 kg Salz	0,24	
0,400 kg Wasser, kaltes	–	
Gesamtpreis		

Gewicht Brät: Gewicht Gewürze/Zutaten: Gesamtgewicht Pasteten:

Gesamtpreis der Pasteten: Preis für eine Filetscheibe von 150 g:

2 Machen Sie einen Vorschlag für die Präsentation und den Verkauf der Pasteten in der Verkaufsanfangsphase.

3 Empfehlen Sie eine Soße mit Rezept zu diesem Artikel und erläutern Sie dem Kunden, die Herstellung.

Empfohlene Soße:

Rezept für 12 Personen:

Herstellung:

4 Ein besonderer Schinken aus der Gruppe der Kochpökelwaren ist der Backschinken, der in fast jeder Fleischerei hergestellt werden kann. Stellen Sie zwei Backschinken nach unten stehender Rezeptur her und kalkulieren Sie auf einem Extrablatt den Materialpreis des Backschinkens. Ermitteln Sie hierfür die Preise in Ihrem Umfeld.

Fleischmaterial für 1 Backschinken: 1 Schinken, nur Ober- und Unterschale (€)

Zutaten für 5 l Lake: 4,5 l Wasser (pauschal €), 0,5 kg Nitritpökelsalz (€/je), 250 g Lakin (€/je), 100 g Helabin (€/je) flüssig

Weitere Materialien für 1 Schinken: Kollageneiweißfolie (€), 28er elastisches Netz (€).

Name: Klasse: Datum:

12 Komplexe Aufgaben zur Prüfungsvorbereitung

Da immer mehr Fleischereien Umsatzeinbußen aufgrund von Dumpingpreisen für Schweinefleisch in Supermärkten verzeichnen, plant eine Fleischerinnung in Zusammenarbeit mit Ihnen als Anbieter von Markenfleisch eine Aktion zur Zurückgewinnung von Marktanteilen. Der Innungsvorstand formuliert einige Eckpunkte, die zuvor geklärt werden sollen.

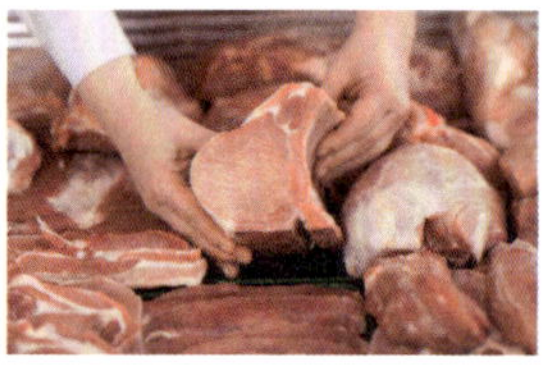

1. Wie lauten die Anforderungen, die an Markenfleischprogramme in Bezug auf Herkunft, Erzeugung, Transport, Schlachtung, Verkauf und Kontrolle gestellt werden?
2. Welche Schweinerassen, die unter 1 % Anteil am deutschen Schweinebestand haben, könnten als besondere Rassen hervorgehoben werden? Informieren Sie sich in der Fachliteratur bzw. im Internet über die Herkunft und Verbreitung sowie die besonderen Merkmale von mindestens drei Rassen mit einem Marktanteil von unter 1 %. Fassen Sie Ihre Ergebnisse zusammen.
3. Dem Schlachtviehtransport kommt für die Fleischqualität eine große Bedeutung zu.
   a) Was genau ist unter Schlachtviehtransport zu verstehen?
   b) Welche Bedingungen werden an den Transport gestellt?
   c) Gibt es eine gesetzliche Basis für den Viehtransport und wenn ja, welche?
4. Worin bestehen die Untersuchungsverfahren, die die Fleischhygiene-Verordnung für Schlachttiere vorsieht?
5. Wie verläuft eine Schweineschlachtung und auf welche Besonderheiten wird in Bezug auf die Schlachthygiene großer Wert gelegt?

Das Einkaufszentrum am Stadtrand, in dem Ihre Fleischerei die Fleischabteilung eines Supermarktes betreibt, feiert 10-jähriges Jubiläum. Ihre Fleischerei will diesen Anlass mit dem Angebot einer Serbischen Bohnensuppe zum Jubiläumspreis als Werbemaßnahme nutzen. 400 Portionen je 0,5 l sollen hergestellt werden, 100 davon verpackt, um auch dem Wunsch nach Serbischer Bohnensuppe zum Mitnehmen nachkommen zu können. Sie werden mit der Kalkulation, Herstellung und dem Verkauf der Suppe beauftragt.

1. Recherchieren Sie nach einem Rezept für Serbische Bohnensuppe. Häufig bieten die Ihnen bekannten Gewürzfirmen Rezepte an. Notieren Sie die Rezeptur für 400 Portionen.
2. Beschreiben Sie die Herstellung im Autoklaven, sodass auch ein anderer Mitarbeiter, der sich nicht mit der Rezeptrecherche befasst hat, die Suppe herstellen kann.
3. Kalkulieren Sie den Preis für eine Portion Serbische Bohnensuppe. Erfragen Sie dazu die Preise im Großhandel.
4. Überlegen Sie, welche Werbemöglichkeiten im Vorfeld des Jubiläums sinnvoll und umsetzbar sind und wie der Stand für die Suppenausgabe gestaltet werden könnte.
5. Schlagen Sie mehrere Möglichkeiten vor, wie die 100 Portionen für den Außer-Haus-Verkauf verpackt werden können.

Für die lange Nacht der Museen fragt Ihr Bürgermeister in der Berufsschule an, ob die Fleischerklasse abends gegen 22.00 Uhr für VIP-Gäste einen Imbiss reichen könnte. Gerne präsentieren Sie Ihr Können in der Öffentlichkeit und entscheiden sich für folgende Häppchen:
- *kleine Weißwurstbällchen mit süßem Senf eingespritzt und im Weißbierteig ausgebacken*
- *Kügelchen von der Krainerwurstmasse, geräuchert und gebrüht, mit Käsescheiblettenstücken belegt und in der Mikrowelle überschmolzen*
- *Currywurstbrät mit Kartoffelschnipsel vermengt, daraus Bällchen geformt, mit Ketchup gespritzt und in der Fritteuse ausgebacken*
- *Minihacksteaks gegrillt auf ausgestochener Weißbrotscheibe mit kleiner Tomatenscheibe, Salzgurkenscheibe und einem Tupfer Senf*

1. Planen Sie die Herstellung der vier innovativen Produkte und halten Sie sie stichwortartig fest.

Backwaren und Teigwaren

Im Partyservice Ihres Betriebes sollen Sie für eine Veranstaltung mit dem Thema „Gesunde Ernährung“ einen Brotkorb zusammenstellen. Der Auftraggeber wünscht insbesondere Vollkorngebäck. Da Sie sich nicht sicher sind, welche Brote zum Vollkorngebäck gehören und ob dunkles Brot gesünder ist, fragen Sie bei Ihrem Chef nach. Er erläutert Ihnen die Grundbegriffe der Backwaren.

1 Beschreiben Sie die Produkte, die bei der Vermahlung von Brotgetreide entstehen.

Weizen- und Roggenschrot

Weizen- und Roggenvollkornmehl

Weizen- und Roggenmehl

2 Vervollständigen Sie die folgenden Sätze bei der Kundenberatung, indem Sie die Satzteile richtig zuordnen.

mehr Mineralstoffe, Ballaststoffe und Vitamine enthält es – höher ist der Weizenanteil – länger bleibt es frisch – lockerer ist seine Krume – würziger ist der Geschmack – milder ist der Geschmack – mehr Roggen enthält es – feinen Wurstwaren und Feinkostsalaten – deftigen und würzigen Fleischwaren

Je heller ein Brot ist, desto ...

Helle Brote schmecken am besten zu ...

Dunkle Brote schmecken am besten zu ...

Je dunkler ein Brot ist, desto ...

Mehr als die Hälfte aller Bundesbürger verzehrt einmal in der Woche Nudeln. Grund genug, sie daher in das Zusatzsortiment einer Fleischerei mit aufzunehmen. Benennen Sie die folgenden Abbildungen.

Name: Klasse: Datum:

Obst und Gemüse

Eine Schülerin macht ein Praktikum in Ihrer Fleischerei. Heute soll sie Ihnen helfen, den Obstsalat für die Snacktheke zuzubereiten. Sie bitten die Praktikantin, die Exoten aus dem Kühlraum zu holen. Da die Praktikantin Sie fragend ansieht, erläutern Sie ihr, welche exotischen Früchte es gibt und wofür sie am besten geeignet sind.

1 Zu welchen Gerichten passen folgende Obstsorten?

Äpfel:

Birnen:

Quitten:

Pfirsiche:

Preiselbeeren:

2 Unterscheiden Sie Kernobst und Steinobst und geben Sie jeweils zwei Beispiele an.

Kernobst:

Steinobst:

3 Beschriften Sie in der folgenden Abbildung die Produktgruppen des Gemüses nach ihren essbaren Pflanzenteilen.

1
2
3
4
5
6
7

4 Ordnen Sie die folgenden Gemüsearten den sieben Gruppen, die Sie in Aufgabe 3 für die einzelnen Pflanzenteile gefunden haben, zu.

Spinat – Karotte – Wirsing – Champignon – Spargel – Zwiebel – Tomate – Mangold – Paprika – Radieschen – Kartoffel – Gurke – Grünkohl – Chicorée – Rosenkohl – Trüffel – Porree – Morchel – Lollo rosso – Kohlrabi – Fenchel – Romanesco – Schwarzwurzel – Braunkappe – Kürbis – Bohne – Eisbergsalat

1
2
3
4
5
6
7

Milch und Milchprodukte

Sie wollen in Ihrem Betrieb eine Snacktheke einrichten und dort auch Kaffee anbieten. Sie diskutieren mit Ihrem Chef, welche Milchsorten Sie dazu anbieten sollten und in welchen Verpackungseinheiten. Bei Ihrer Entscheidung berücksichtigen Sie Nachhaltigkeitsargumente, hygienische Aspekte und die verschiedenen Geschmäcker der Kunden.

1 Welche sechs Angaben müssen auf einer Milchpackung aufgedruckt sein? Benennen Sie diese!

2 Beschreiben Sie die Abbildungen.

Bei der unbehandelten Milch

Bei der homogenisierten Milch

unbehandelte Milch

homogenisierte Milch

3 Wozu werden Milch und Milchprodukte in der Fleischerei oder im Partyservice benötigt? Legen Sie eine Liste an.

Milch:

Käse:

Créme frâiche:

Joghurt:

Name: Klasse: Datum:

13 Geflügel, Fisch, Konserven

Der neue Auszubildende kommt mit den Hühnerschenkeln aus dem Kühlraum und platziert das Tablett in der Theke direkt neben den Rindersteaks, da er meint, dass der farbliche Kontrast einen besonderen Blickfang darstelle. Sie erklären ihm, dass es neben optischen Gesichtspunkten noch spezielle Vorschriften für das Platzieren von Fleisch in der Theke gibt.

1 Ordnen Sie die beiden Geflügelsorten den links und rechts stehenden Begriffen durch Verbindungspfeile zu.

Schlachtgeflügel **Wildgeflügel**

Gans		Suppenhuhn
Rebhuhn		Ente
Wildente		Schnepfe
Stubenküken		Truthahn
Kapaun		Perlhuhn
Wildtaube		Hähnchen
Wachtel		Fasan

2 Vervollständigen Sie den folgenden Satz.

Da Geflügel häufig ______ enthält, die sich bei unzureichender ______ und schlechten ______ schnell vermehren können, muss Geflügelfleisch von anderen ______ getrennt aufbewahrt werden.

3 Nennen Sie die Einteilungsmöglichkeiten von Fisch.

4 Wodurch unterscheiden sich Vollkonserven von Halbkonserven?

5 Wie werden aufgeblähte Konservendosen genannt und wie sind sie zu behandeln?

Verkaufstheken belegen

Sie wollen einen berufsfremden Verkaufsraum zu einer Fleischerei-Filiale umbauen lassen. Zuvor erarbeiten Sie ein Konzept über die Aufteilung und Einrichtung des Geschäftes.

1 Zählen Sie die Merkmale auf, nach denen ein Verkaufsraum für die Fleischerei gestaltet und eingerichtet werden sollte.

2 Beschreiben Sie die Anforderungen, die die Verkaufstheke eines Fleischerei-Fachgeschäfts erfüllen muss. Die Verkaufstheke muss

3 Beim Einräumen der Verkaufstheke sind die Waren so anzuordnen, dass die Kunden in einer bestimmten Laufrichtung an der Theke vorbeigeleitet werden und möglichst viel von den Auslagen optisch wahrnehmen. Das Sortiment sollte vielfältig und dennoch sehr übersichtlich angeordnet sein. Fleisch sowie Fleisch- und Wurstwaren bilden immer den Schwerpunkt. Bringen Sie den folgenden Thekenbelegungsplan in die richtige Reihenfolge.

Imbiss – Wurst – Fleisch – Desserts – Feinkost – Salate – Schinken– Käse – Fisch

4 Fertigen Sie auf einem gesonderten Blatt eine Thekenbelegungsskizze Ihrer Verkaufsstelle an und vergleichen Sie die Belegung mit den Anforderungen. Machen Sie eventuell Verbesserungsvorschläge.

Name: Klasse: Datum:

13 Anforderungen an das Verkaufspersonal und seine Aufgaben

Freundliches und gepflegtes Personal ist eine Voraussetzung für den Erfolg einer Fleischerei. Sie sollen eine neue Mitarbeiterin darüber informieren, welche Anforderungen an sie gestellt werden und welche Aufgaben sie zu erfüllen hat.

1 Welche gesundheitlichen Anforderungen werden an das Verkaufspersonal gestellt?

2 Benennen Sie die grundsätzlichen Anforderungen an das Verkaufspersonal im Umgang mit den Kunden.

3 Zählen Sie die Kenntnisse und Fertigkeiten auf, die beim Verkauf zwingend erforderlich sind.

4 Nennen Sie die wichtigsten Arbeitsbereiche des Verkaufspersonals innerhalb des Fleischerei-Fachgeschäfts.

Verkaufspersonal

- **Verkaufen**
- **Führungsaufgaben**
- **Umgang mit den Waren**
- **Verwaltungsarbeit**
- **Verkaufsförderung und Werbemaßnahmen**

Verkaufsgespräche führen

In der Berufsschule unterhalten Sie sich mit einem anderen Berufsschüler, der eine Ausbildung zum Kfz-Mechaniker macht. Sie erzählen ihm, dass Sie im Unterricht gerade lernen, wie man Verkaufsgespräche richtig führt. Er meint, dass man den Umgang mit Menschen und die Abläufe bei einem Verkaufsgespräch nicht extra erlernen müsse. Daraufhin erläutern Sie ihm die vielen Details, auf die beim Verkaufsgespräch geachtet werden muss.

1 Um ein Verkaufsgespräch erfolgreich führen zu können, bedarf es einiger Vorbereitungen des Verkäufers. Im Folgenden sind Situationen dargestellt, die zeigen, dass sich der Verkäufer schlecht bzw. gar nicht auf seinen Kunden vorbereitet hat. Stellen Sie die Situation richtig, indem Sie beschreiben, wie sich der Verkäufer korrekt auf den Kunden hätte einstellen müssen.

Situation 1 Verkäufer sitzt ein Glas Wasser trinkend und genüsslich eine Zigarre rauchend in einem Polstersessel und der Kunde auf einem niedrigen Hocker.

Richtigstellung

Situation 2 Kunde sitzt mit Verkäufer zusammen, auf dem Tisch klingelt das Telefon, Mitarbeiter öffnet die Tür, stellt eine Frage, Radio dudelt.

Richtigstellung

2 Zu jeder der vier Phasen eines Verkaufsgesprächs ist im Folgenden eine Situation dargestellt, die es erneut, wie in Aufgabe 1, gilt richtigzustellen.

Situation Eröffnungsphase – Verkäufer stellt sich vor und erzählt mehrere Minuten von sich und seinem Betrieb. Verkäufer trinkt ein Bier, der Kunde ein Mineralwasser.

Richtigstellung

Situation Vertrauensphase – Der Kunde hat ein fragendes und zweifelndes Gesicht. Der Verkäufer erzählt, dass er sich bei der letzten Feier, mit der er beauftragt war, im Datum geirrt hatte und dass das Lieferfahrzeug schon zweimal liegen geblieben ist.

Richtigstellung

Situation Angebotsphase – Verkäufer zeigt dem Kunden eine Angebotskarte, in der viele Angebote gestrichen sind. Der Verkäufer lehnt sich zurück und bleibt passiv.

Richtigstellung

Situation Abschlussphase – Der Kunde unterzeichnet den Kaufvertrag. Der Verkäufer verabschiedet sich sogleich und sagt: „Tschüss dann, Sie hören von uns!"

Richtigstellung

Name: Klasse: Datum:

Bestellscheine ausfüllen

In einer betriebsinternen Fortbildungsveranstaltung werden Sie in der Annahme von Bestellungen, deren schriftliche Fixierung sowie deren Auswirkungen bei falscher Ausführung unterrichtet und trainiert.

1 Füllen Sie anhand des nachfolgenden fiktiven Telefongesprächs das Bestellformular aus.

V: „Hier Fleischerei ...., Frau Hellig am Apparat, was kann ich für Sie tun?"

K: „Ich hätte gern eine Bestellung aufgegeben."

V: „Auf welchen Namen darf ich die Bestellung annehmen?"

K: „Herr Kruse."

V: „Würden Sie bitte Ihre Bestellung ansagen."

K: „Ich hätte gerne:
45 Schweineschnitzel à 130 g,
5 kg Schweinekamm am Stück,
20 Scheiben Rouladen à 200 g,
2 kg Suppenfleisch,
30 Bockwürste,
25 Paar Wiener Würstchen,
2,5 kg Jagdwurst und
2 kg Rinderfilet am Stück."

V: „Möchten Sie die Waren geliefert bekommen?"

K: „Ja."

V: „Wohin dürfen wir die Ware liefern?"

K: „Liefern Sie bitte zur Gaststätte „Zur Traube", in 18203 Holzheim, Erlenweg 27."

V: „Wann dürfen wir liefern?"

K: „Kommenden Freitag, gegen 9.00 Uhr."

V: „Können Sie mir noch Ihre Telefonnummer mitteilen, falls es Rückfragen bezüglich Ihrer Bestellung geben sollte?"

K: „Ja bitte, die Nummer lautet 8876549."

V: „Herr Kruse, ich lese Ihnen die Bestellung zum Vergleich einmal vor:
....
Kann ich noch etwas für Sie tun?"

K: „Nein danke."

V: „Dann bedanken wir uns für die Bestellung und wünschen Ihnen noch einen schönen Tag."

Bestellung angenommen am:	Fügen Sie hier eventuell das Logo Ihrer Firma ein.
Besteller: Herr/~~Frau~~:	
Lieferadresse/~~Wohnadresse~~	
PLZ/Ort:	
Straße:	Tel:
~~Bereitstellungs-~~/ Liefertermin:	

Bestellung

Menge	Warenbezeichnung
Bearbeitungsvermerke	Unterschrift ~~Besteller~~/Bestellannahme Frau Hellig

Hinweise für Telefonate:
- Locker bleiben!
- Lächeln Sie, Ihre Stimme wirkt dadurch freundlich.
- Bemühen Sie sich um eine deutliche Aussprache.
- Formulieren Sie klar.
- Argumentieren Sie verständlich.

Lieferscheine erstellen

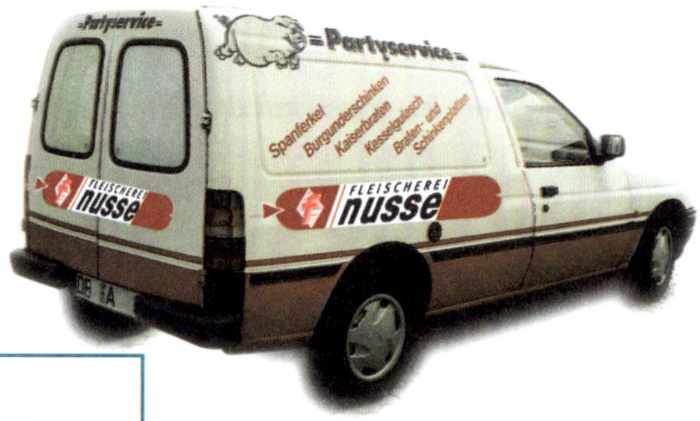

Der Fleischermeister beauftragt Sie mit der Ausfertigung des Lieferscheins und der Auslieferung der Bestellung.

1 Stellen Sie anhand der Bestellung (Arbeitsblatt 116) einen Lieferschein aus.

Absender:

Fügen Sie hier eventuell das Logo Ihrer Firma ein.

Empfänger:

Lieferzeitpunkt

Lieferschein

Menge	Warenbezeichnung

Bitte die Ware bei Anlieferung kontrollieren. Mängel sind sofort bei Empfang geltend zu machen.

Ware erhalten: Quittung/Unterschrift

2 Sie sollen die Auslieferung der oben genannten Ware organisieren. Diese erfolgt mit dem firmeneigenen Lieferfahrzeug zum 15 km entfernten Leistungsort.
Formulieren Sie die Maßnahmen, wie Sie eine qualitätsgerechte Lieferung durchführen.

Rechnungen erstellen

Ihre Fleischerei hat die Lieferung durchgeführt. Um den Verkaufsvorgang abzuschließen, sollen Sie für Herrn Kruse eine ordnungsgemäße Rechnung mit einer Gewährung von 8 % Rabatt und unter Beachtung aller erforderlichen Angaben erstellen.

1 Stellen Sie eine ordnungsgemäße Rechnung aus und nennen Sie die rechtlich vorgeschriebenen und kaufmännisch notwendigen Bestandteile einer Rechnung.

Absender:

Fügen Sie hier eventuell das Logo Ihrer Firma ein.

Empfänger:

Rechnung

Rechnungsdatum:

Rechnungsnummer:

Lieferung vom:

Kundennummer:

Menge	Warenbezeichnung	kg-Preis in €	Gesamtpreis in €
Betrag			
– Rabatt			
Nettorechnungsbetrag			
+ 7 % Mehrwertsteuer			
Bruttorechnungsbetrag			

Zahlbar innerhalb 10 Tagen mit 2 % Skonto
Innerhalb 30 Tagen netto Kasse

Commerzbank Holzheim
BLZ 999 888 77
Konto-Nr. 456 876

Steuernummer: 170467837

Folgende Nettopreise bilden die Grundlage:

Schnitzel	8,70 €/kg
Kamm	6,50 €/kg
Rouladen	9,90 €/kg
Suppenfleisch	7,00 €/kg
Bockwurst	5,00 €/kg
Wiener Würstchen	9,10 €/kg
Jagdwurst	8,60 €/kg
Rinderfilet	22,50 €/kg

Die aktuelle MwSt. liegt bei 7%.

Bestandteile einer Rechnung:

Beratungsgespräche führen

Der Partyservice Ihrer Fleischerei soll anlässlich einer Firmenweihnachtsfeier mit 30 Personen die Speisen und Getränke liefern. Die Feier findet am 6. Dezember statt und soll um 18.00 Uhr beginnen. Sie sollen vorab ein Beratungsgespräch mit dem Kunden Herrn Schneider führen.

1 Vervollständigen Sie die folgende Checkliste für das Beratungsgespräch. Stellen Sie Ihre Ausarbeitungen in der Lerngruppe vor und diskutieren Sie die verschiedenen Ergebnisse.

Datum der Auftragserfüllung: Anlass: Besteller: Teilnehmerzahl:	**CHECKLISTE** **Beratungsgespräch** Beginn: Preis/Person:
Speisen	Getränke
Empfang	
Essen/Menü	
Nach dem Essen	
Tafel-/ Büfettform	
Dekoration	
Tischkarten	
Leihgeschirr	
Akustische Geräte	
Personelle Bereitstellung	
Sonstiges	
Datum	Mitarbeiter

Name: Klasse: Datum:

Partyservice und Catering

Ihre Fleischerei möchte ihren Umsatz erhöhen und deshalb in Zukunft einen Partyservice und Catering anbieten. Sie sollen die besonderen Anforderungen an die Hygiene und Qualität zusammenstellen, die sich aus dieser Geschäftserweiterung ergeben.

1 Ordnen Sie die folgenden Definitionen mit Pfeilen den Begriffen „Partyservice“ und „Catering“ zu.

Lieferung von Speisen und Getränken für Feiern in privater Umgebung oder Geschäftsräumen einer Firma	Catering Partyservice	professionelle Bereitstellung von Speisen und Getränken an einem beliebigen Ort, die sich von der Speisenherstellung bis zum Aufbau eines zeitweiligen Gastronomiebetriebs erstreckt

2 Nennen Sie die Vorteile, die ein Kunde durch die Inanspruchnahme des Partyservice bzw. des Caterings hat.

3 Da die Produkte beim Catering und Partyservice direkt an den Kunden abgegeben werden, ist die Einhaltung der Gute-Hygiene-Praxis (GHP) zwingend notwendig. Zählen Sie einige der Anforderungen auf.

4 Ihre Fleischerei hat einen Auftrag zur Durchführung einer Kundenveranstaltung mit Frontcooking erhalten. Welche Faktoren sind neben der GHP zu berücksichtigen?

Marketing im Partyservice

Sie diskutieren mit Ihren Kolleginnen und Kollegen folgende unterschiedliche Standpunkte zur Durchführung von Werbemaßnahmen: „Marketing ist unnötig, wenn der Preis stimmt." „Wer nicht wirbt, der stirbt".

1 Zählen Sie die Möglichkeiten auf, in welcher Form ein Partyservice Werbung machen kann.

2 Kreuzen Sie an, welche der folgenden Aktionen der Öffentlichkeitsarbeit eines Partyservice zugeschrieben werden können.

- ☐ Bei dem Sommerfest des örtlichen Kleingartenvereins verkaufen Sie die Bratwürstchen und spenden den 1. Preis für den Ballonwettbewerb.
- ☐ Bei der Einweihung des neuen Gemeindehauses liefern Sie das Menü und verteilen Kugelschreiber mit Ihrem Logo und Ihrer Anschrift.
- ☐ Zum 60. Geburtstag von Frau Meier liefern Sie das Büfett.
- ☐ Sie machen bei einer Reisaktion des Fairen Handels mit und kommen mit einem Foto in die Zeitung.

3 Erläutern Sie, zu welchen Zeiten Sie werben sollten und wie viel Geld in die Werbung investiert werden sollte.

4 Aus welchen Gründen kann das Servicepersonal auch dem Marketing zugeordnet werden?

5 Nennen Sie Kompetenzen und Eigenschaften, die das Personal im Partyservice besitzen sollte.

6 Beurteilen Sie die zwei dargestellten Verkaufssituationen, indem Sie das Verhalten des Servicepersonals mit „richtig" oder „falsch" bewerten. Begründen Sie Ihre Meinung.

	richtig/falsch	Begründung
Kunde: Ich möchte gern Kroketten zu dem Schweinebraten. Service: Haben wir nicht.		
Servicemitarbeiter reicht dem Kunden eine Kostprobe, z. B. Schinken, mit den Worten: „Probieren Sie doch einmal unsere Spezialität."		

Name: Klasse: Datum:

Angebotskarten erstellen

Im Berufskolleg vergleichen Sie die Angebotskarten verschiedener Betriebe. Sie stellen fest, wie groß die Bandbreite ist. Einige Karten sind sehr ansprechend gestaltet, andere machen keinen Appetit auf die Angebote. Daher stellen Sie Kriterien für gute Angebotskarten zusammen, damit sich der Aufwand lohnt.

1 Nennen Sie sechs Aspekte, die der Fleischer in der Angebotskarte berücksichtigen sollte.

2 Ergänzen Sie den folgenden Text.

Bei der Erstellung einer Angebotskarte ist das ______ der Fleischerei oder des Partyservice sehr wichtig. Es soll Aufmerksamkeit erregen und einen ______ bieten. Natürlich darf die ______ mit der Telefonnummer nicht fehlen. Es wäre schön, wenn die Fleischerei auch ihre ______ angeben würde, damit der Kunde zusätzliche Informationen über das Internet erhalten könnte. Für den Kunden wäre auch der Name eines ______ wichtig.

3 Überlegen Sie, nach welchen Kriterien eine Angebotskarte gegliedert werden kann, und nennen Sie Beispiele.

4 Die Menüs in einer Angebotskarte sollen bebildert werden, leider sind die Bilder der Menüs durcheinandergeraten.
Ordnen Sie die Abbildungen bitte den entsprechenden Menüs (a, b, c) zu.

a) 3-Gänge-Menü:

b) 4-Gänge-Menü:

c) 5-Gänge-Menü:

5 Erläutern Sie, für welche Angebote die verschiedenen Möglichkeiten der Preisgestaltung eingesetzt werden.

Preis pro Person:

Preis für eine bestimmte Menge:

Pauschalangebote:

Speisen anbieten

Eine aufgebrachte Kundin kommt zu Ihnen und beschwert sich über Ihren Partyservice. Sie sagt, dass die bestellten Schweinerouladen ganz anders geschmeckt hätten als bei der Feier des Nachbarn vor zwei Wochen und dass das Kartoffelgratin dort viel sahniger gewesen sei. Sie hätte extra denselben Partyservice ausgewählt, weil ihr die Speisen so gut geschmeckt hätten. Sie sprechen mit Ihrem Chef über diese Reklamation und suchen nach Lösungsmöglichkeiten, damit solche Beanstandungen nicht wieder passieren.

1 Welche Unterteilung kann beim Speisenangebot im Partyservice vorgenommen werden?

2 Kreuzen Sie die richtigen Aussagen an.
Der Erfolg eines Partyservice, der einer Fleischerei angeschlossen ist, basiert auf

- [ ] der Freundlichkeit des Fleischers
- [ ] der billigen Herstellungsmethode
- [ ] den Speisen, die die Kunden aus dem Stammgeschäft kennen
- [ ] den zugekauften Spezialitäten

3 Suchen Sie im folgenden Wortsuchrätsel nach 10 Speisen aus eigener Herstellung (diagonal/senkrecht/waagerecht/rückwärts) und kennzeichnen Sie diese mit einem Stift (Ä = AE).

I	R	S	Z	I	P	L	E	B	E	R	K	A	E	S	E	P	D	F	R	W	Q	E	Y
P	D	A	S	E	W	V	B	N	M	P	O	I	M	J	H	G	M	L	K	S	A	N	W
O	M	B	F	P	W	D	Q	E	V	C	T	F	D	T	E	T	A	L	A	S	I	N	S
J	G	R	E	E	R	T	G	S	X	F	B	R	A	T	E	N	E	R	L	T	H	A	S
Z	E	T	H	C	I	R	E	G	F	P	O	T	N	I	E	R	F	T	B	F	D	F	Z
T	E	C	E	J	O	M	N	G	Z	G	U	E	T	P	U	G	H	D	S	S	A	P	W
E	Q	W	U	R	F	R	X	G	H	J	M	N	P	V	D	T	R	U	R	E	D	E	P
E	W	S	R	C	F	R	D	R	T	Z	U	U	J	N	B	R	T	U	A	D	S	S	A
A	S	C	B	C	E	M	Y	O	X	C	S	R	G	M	Z	U	I	L	G	N	Z	E	P
S	W	Q	T	O	U	Z	G	B	N	S	S	D	E	R	E	G	E	W	O	T	Z	U	E
D	E	R	F	F	S	W	Q	A	Y	B	X	C	E	G	H	T	D	S	U	H	M	M	V
S	D	C	A	B	N	H	F	D	S	X	L	K	G	H	J	K	T	L	T	U	Z	E	H
D	R	T	R	N	N	I	O	P	U	T	R	E	W	S	X	C	V	B	N	T	H	G	R
L	K	J	K	T	R	D	C	R	E	M	E	S	U	P	P	E	N	S	A	Q	W	H	N

Begründen Sie, warum unbedingt auf die Einhaltung der Rezepte geachtet werden muss.

Name: Klasse: Datum:

Platten belegen

Im Materiallager Ihrer Fleischerei befindet sich eine riesige Auswahl an Platten aus verschiedensten Materialien. In der Mittagspause diskutieren Sie mit einem Kollegen darüber, ob dies erforderlich sei. Dabei überlegen Sie, welche Platten zu welchen Speisen bzw. Anlässen passen.

1 Nennen Sie übliche Plattenmaterialien.

2 Überlegen und begründen Sie, welches Plattenmaterial sich für ein **a)** bayrisches Büfett und **b)** Hochzeitsbüfett eignen würde.

a)

b)

3 Ordnen Sie den Schinken- und Wurstwaren die entsprechende Legetechnik zu. Zeichnen Sie Verbindungspfeile ein.

Brühwurst ohne Einlage (A)	(1) „Trichterform“
Kochwurstscheiben (B)	(2) „Röckchen“
Rohwurstscheiben (C)	(3) halbieren
Kochschinkenscheiben (D)	(4) einmal falten
Rohschinken (E)	(5) „Tütchen“

4 Kreuzen Sie die richtigen Aussagen an.

- ☐ Asymmetrische Platten lassen sich leichter belegen als symmetrische, weil man alles nur irgendwie auf die Platte legen muss.
- ☐ Symmetrische Platten wirken harmonisch und ruhig.
- ☐ Symmetrische Platten lassen sich einfacher belegen, da man gleichmäßig vorgehen kann.
- ☐ Asymmetrische Platten sind ausdrucksstärker, aber künstlerisch aufwendiger.

5 Worauf ist laut Futtermittelgesetzbuch in Hinblick auf die Garnitur von Platten auf jeden Fall zu achten?

6 Welche Aussagen können Sie in Bezug auf die Garnitur einer Platte treffen?

7 Herstellung einer Tomatenrose: Sortieren Sie die Herstellungsschritte einer Tomatenrose entsprechend ihrer Entstehung. Nummerieren Sie die Abbildungen von 1 bis 5.

Büfetts aufbauen

Ein neuer Auszubildender ist das erste Mal bei einem Büfettaufbau bei einer Geburtstagsfeier dabei. Sie stellen fest, dass er die Platten und Schüsseln wahllos auf dem Tisch verteilt. Sie erklären ihm die Regeln für den Aufbau eines Büfetts, damit es optisch ansprechend ist, die Gäste sich schnell einen Überblick verschaffen können und der Ablauf reibungslos ist.

1 Erklären Sie den Unterschied zwischen Schauplatten und einfachen Platten und geben Sie jeweils zwei Beispiele an.

Schauplatten	Einfache Platten
Beispiele:	Beispiele:

Unten ist die zeitliche Reihenfolge des Aufbaus eines Büfetts durcheinandergeraten. Sortieren Sie ihn bitte richtig, indem Sie 1, 2 und 3 eintragen.

☐ Ausrichten der einfachen Platten

☐ Anordnung der Schauplatten und des Blickfangs

☐ Auffüllen der Zwischenräume mit Salatschüsseln und Saucieren

3 Notieren Sie in den folgenden Kästchen, in welcher Reihenfolge Sie unter Berücksichtigung der Laufrichtung die Speisen (Dessert, Käse, Vorspeisen, Besteck/Servietten, Teller, Hauptspeisen) anordnen würden, und skizzieren Sie diese in das noch leere Büfett ein.

Laufrichtung

4 Erläutern Sie die Vor- und Nachteile von Büfettinseln.

Vorteile	Nachteile

Name: Klasse: Datum:

13 Verpacken von Produkten I

MAP-Verpackungen sind seit Jahren immer stärker auf dem Markt vertreten. „Unter Schutzatmosphäre verpackt" lautet der Aufdruck auf vielen dieser Fertigpackungen. Sie diskutieren mit Ihren Kolleginnen und Kollegen folgende kontroverse Meinungen hierzu:

- *Damit kauft der Verbraucher „Chemie pur" ein.*
- *Das Begasen von Lebensmitteln ist harmlos, denn der Gesetzgeber sagt zur Verwendungsmenge „qs".*

1 Das Verpacken unter Schutzatmosphäre wird als MAP bezeichnet. Recherchieren Sie im Internet, wofür MAP steht, und ergänzen Sie die Buchstaben.

M ______ A ______ P ______

2 Traditionell kommen drei Gase beim Verpacken unter Schutzatmosphäre zum Einsatz. Welche Gase stehen hinter folgenden E-Nummern und wie werden sie laut EU-Richtlinie bezeichnet?

E 941 ______ E 290 ______ E 948 ______

Laut EU-Richtlinie werden sie als Lebensmittel ______ stoffe bezeichnet.

3 Ordnen Sie den folgenden Aussagen über die Eigenschaften das entsprechende Schutzgas mit Pfeilen zu.

- hemmt anaerobe Prozesse (> 60 %)
- verdrängt Luftsauerstoff
- hemmt aerobe Prozesse
- inertes Gas
- starkes Oxidationsmittel
- wasser-, fett und ölfest
- hemmt die Entwicklung von Bakterien und Schimmel (> 25 %)

- Sauerstoff
- Stickstoff
- Kohlenstoffdioxid

4 Begründen Sie, warum der Gesetzgeber für die Verwendungshöchstmenge der Packgase „qs" festgelegt hat.

______

______

______

5 Von entscheidender Bedeutung bei den Verpackungen mit Packgasen ist die Verpackungsfolie. Meistens sind es mehrlagige Verbundfolien, die u. a. über die wichtige Barriereschicht zum Aufrechterhalten der eingestellten Schutzatmosphäre verfügen müssen. Ordnen Sie den jeweiligen Schichten die entsprechenden Eigenschaften zu.

Außenschicht:	
Mittelschicht(en):	
Innenschicht:	

Siegeleigenschaften – mechanische Stabilität – $O_2/CO_2/H_2O$-Barriere

6 Recherchieren Sie im Internet das Für und Wider zum Einsatz von Packgasen.

Verpacken von Produkten II

7 In der Schemazeichnung ist der Folienverlauf auf einem **Tiefzieh-Verpackungsautomaten** abgebildet. Der Verpackungsprozess erfolgt von rechts nach links.
Ordnen Sie folgenden Arbeitsschritten die entsprechende Nummer der Abbildung zu.

- ☐ Die Packungsbahn wird quergeschnitten.
- ☐ Nach der Längsschneidung sind die Packungen fertig.
- ☐ Der Packstoff für die Unterbahn (Muldenfolie) wird von der Rolle abgezogen.
- ☐ Die Packungsmulden werden von Hand oder automatisch gefüllt.
- ☐ Die gefüllten Mulden werden mit der Packstoff-Oberbahn (Deckfolie) bedeckt.
- ☐ Der Packstoff für die Unterbahn wird im Formwerkzeug erhitzt und zu Packungsmulden geformt.
- ☐ Im Siegelwerkzeug wird die Luft abgesaugt und wenn nötig Schutzgas zugeführt. Anschließend erfolgt die Versiegelung mit Druck und Hitze.

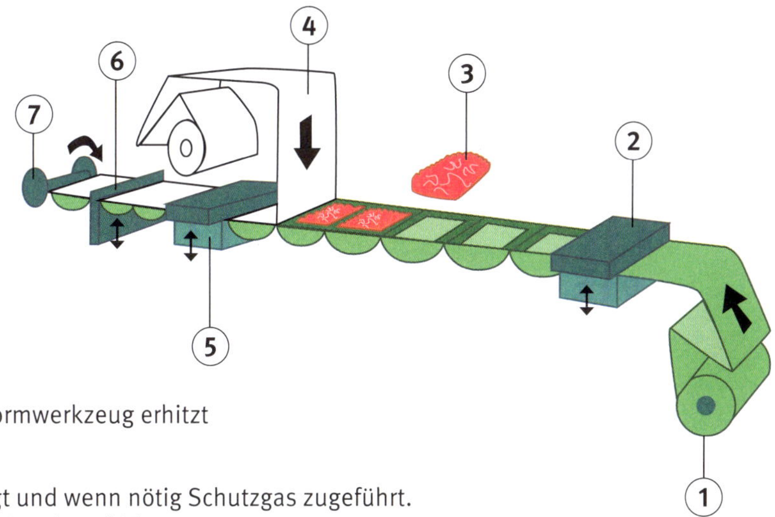

8 Beschriften Sie in der Zeichnung die einzelnen Prozessschritte des **Schalensieglers**.
Bei diesem Verpackungsverfahren werden vorgefertigte Schalen befüllt, mit der Oberfolie abgedeckt, die Luft entzogen und gegen Schutzgas ausgetauscht.
Beschriften Sie die Zeichnung mit den nachfolgenden Begriffen.

Folienspule – Schutzgas – Siegelwerkzeug – Befüllung der Schalen mit Lebensmitteln – Luft – Aufziehen der Folie

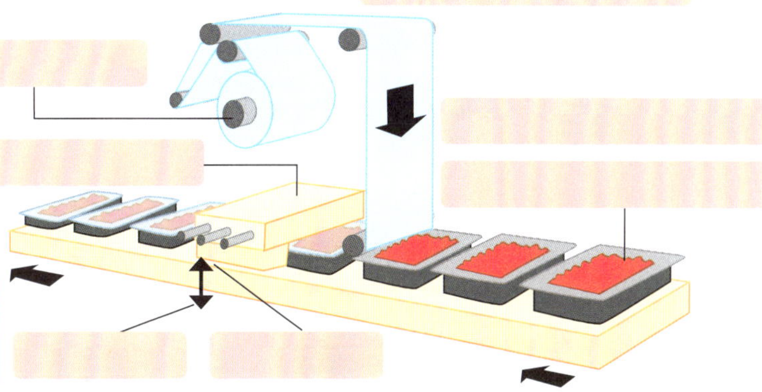

9 Bei der horizontalen **Schlauchbeutelabfüllung** werden die Lebensmittel in Schlauchbeutel verpackt. Bringen Sie mithilfe der Zeichnung die folgenden Prozessschritte (von links nach rechts) in die richtige Reihenfolge, indem Sie die entsprechenden Zahlen einfügen. Übertragen Sie die Zahlen anschließend in die Zeichnung.

- ☐ Sauerstoffentzug durch Spülen
- ☐ Beschickung des Laufbandes mit Lebensmitteln
- ☐ Formen der Schlauchbeutel
- ☐ Abschneiden der Verpackungseinheiten
- ☐ Zufuhr der flexiblen Endlosfolie
- ☐ Ausgabe der befüllten Schlauchbeutel
- ☐ Hitzeversiegelung der Schlauchbeutel

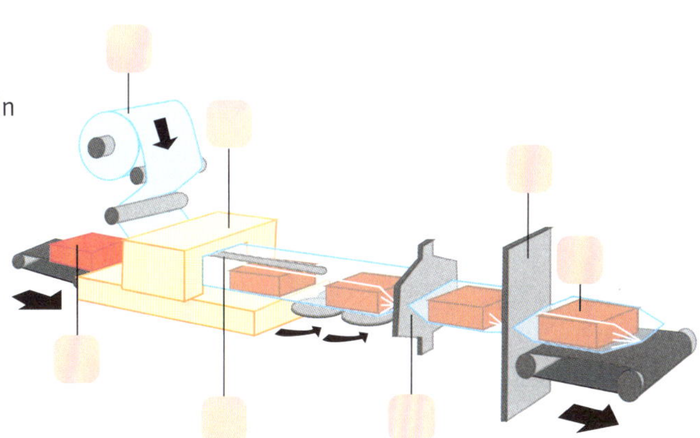

10 Nennen Sie zu den drei Verpackungstechnologien jeweils ein Produktbeispiel.

Tiefziehverpackungs-Automaten: ____________________

Schalensiegler: ____________________

Schlauchbeutelabfüllung: ____________________

Komplexe Aufgabe zur Prüfungsvorbereitung I

Ihre Fleischerei bietet die auf dieser und der nächsten Seite beschriebenen Büfetts für drei verschiedene Anlässe an. Zu Ihren Aufgaben gehört die Büfettberatung, angefangen bei der Speisenzusammenstellung über die Raumdekoration bis hin zur Bereitstellung von Personal.
In der nächsten Woche stehen drei Beratungstermine mit einigen Eckdaten in Ihrem Kalender.

10 MONTAG
Festliche Hochzeit von Daniela Wirt und Matthias Lange
Feier mit 120 Gästen, davon 10 kleine Kinder

12 MITTWOCH
Ehepaar Müller wird zusammen 120 Jahre alt
Feier mit 60 Freunden, Verwandten und Bekannten
Zeitpunkt: Mai, nach der Rückkehr aus dem Italienurlaub

15 SAMSTAG
Herr Meier, Betriebsleiter eines mittelständischen Baumarktes
40-jähriges Berufsjubiläum
Feier mit 30 Mitarbeitern bei einem Büfett im Garten

1. Beraten Sie die drei Personenkreise und empfehlen Sie ihnen ein passendes Büfett.
2. Schlagen Sie eine Speisenzusammenstellung vom ausgewählten Büfett vor und begründen Sie Ihre Auswahl.
3. Empfehlen Sie Getränke, die zum jeweiligen Büfett korrespondieren und zum Personenkreis passen.
4. Berechnen Sie die Mengen für jedes einzelne Büfett mithilfe der grundsätzlichen Informationen (siehe Seite 130).
5. Nennen Sie Ihren Kunden den Gesamtpreis für die einzelnen Büfetts, indem Sie jeweils den höchsten Preis der angegebenen Preisspanne ansetzen. Berechnen Sie den Gesamtpreis bei Zahlung innerhalb einer Woche und bei Zahlung innerhalb von zwei Wochen.
6. Unterbreiten Sie Ihren Kunden Vorschläge zur Tischaufstellung, Büfettform, Geschirr- und Gläserauswahl sowie zur Dekoration und Bereitstellung von Personal.
Nehmen Sie zur Bearbeitung die Checkliste des Arbeitsblattes 119 zur Hilfe.

Italienisches Büfett

Vorspeisen – kalt

- Tomate mit Mozzarella und Basilikum-Pesto
- Rindercarpaccio mit Rucola und Parmesan
- Vitello tonnato
- Antipasti (gebratene und marinierte Champignons, Paprika, Zucchini, Auberginen, getrocknete Tomaten, gefüllte Oliven)
- gebratene Scampi
- Bruscetta mit Tomaten, Zwiebeln und Basilikum

Vorspeisen – warm

- Minipizzen, verschieden belegt
- Minestrone
- italienische Tomatencremesuppe mit Muscheln

Hauptspeisen

- Gnocchi in Gorgonzolasoße mit Blattspinat
- Gemüselasagne
- Lachs-Cannelloni
- Tagliatelle al Scampi – Tagliatelle auf Scampi mit Knoblauch und Sahnesoße
- Saltimbocca alla Romana mit Tagliatelle
- Ossobuco mit Risotto Milanese
- Picata Milanese – Hähnchenbrustfilet mit Ei und Parmesankäse überbacken
- Schweinefilet mit Champignons in Weißweinsoße an Rosmarinkartoffeln

Sonstiges

- Ciabatta
- Käsegebäckstangen
- verschiedene Dips
- Kräuterbutter

Desserts

- Tiramisu
- Panna Cotta
- frische Erdbeeren, mariniert in Amaretto, mit Eis oder Sahne
- Mascarponecreme
- italienisches Käsebrett

HOCHZEITSBÜFETT

VORSPEISEN – KALT

- Bornholmer Lachs mit Sahnemeerrettich
- geräucherter Aal mit Kräuterrührei
- Scampi in Joghurtdressing
- verschiedene Sorten Schwedenhappen
- Pfeffermakrele in Carambola
- Pariser Lachsschinken mit Cornichons
- geräucherte Putenbrust mit Remouladensoße
- Tomate mit Mozzarella und Basilikum
- Büsumer Krabbensalat
- Geflügelsalat mit Spargelspitzen
- Graved Lachs mit feiner Senfsoße
- Parmaschinken auf Melone

VORSPEISEN – WARM

- feine Kartoffelsuppe mit Büsumer Krabbenfleisch
- Champignoncremesuppe
- Vierländer Hochzeitssuppe
- gebundene Tomatensuppe mit Kalbfleischklößchen

HAUPTSPEISEN

- Schweinelendchen gebraten in Steinpilzsoße mit wildem Reis
- Schweine- und Truthahnmedaillons in feiner Rahmsoße mit frischen Champignons, Ratatouillegemüse, Béchamelkartoffeln
- Roastbeef – englisch gebraten – mit Spargelspitzen und Remouladensoße
- geschnetzeltes Kaninchenfilet in Calvadossoße mit buntem Reisrand

SONSTIGES

- verschiedene Buttersorten
- großes Brotsortiment

DESSERTS

- internationales Käsebrett
- frische Früchte mit Mascarponecreme
- Hamburger Rote Grütze mit Vanillessoße
- exotischer Obstsalat
- Tiramisu
- Mousse au Chocolat
- Mousse au Vanille

Rustikales Büfett

Vorspeisen – kalt

- Mettigel mit bunten Zwiebeln
- gemischte Wurstplatte mit Landleberwurst, Bierschinken, Jagdwurst, Bierwurst, Rotwurst, Schweinskopfsülze
- Mettwurstbrett mit Gewürzgurken
- Holsteiner Schinkenbrett
- Matjes in Sahnesoße
- Sauerfleisch
- hausgemachter Fleischsalat
- gefüllte Frikadellen
- gekochter Schinken mit Spargelspitzen

Vorspeisen – warm

- Holsteiner Kartoffelsuppe mit Einlage
- Möhrenrahmsuppe mit Ingwer

Hauptspeisen

- Spanferkel mit Krautsalat und Fladenbrot
- Bayerischer Leberkäse mit Speckkartoffelsalat
- Holsteiner Jungschweinrücken mit Kürbis
- gegrillte Hähnchenkeulen mit Wedges
- Schweineschinken im Ganzen, ohne Knochen, gegrillt mit Kartoffelspecksalat, Ananassauerkraut, Rahmsoße
- Königsputenbrust mit Farmersalat, Waldorfsalat, Remouladensoße

Sonstiges

- Käsebrett mit Weintrauben garniert
- rustikales Käsebrett mit Schweizer Emmentaler, Gouda, Harzer und Briekäse
- 1 Butterfass
- 1 Topf hausgemachtes Schmalz
- 1 Schale Zaziki
- Krautsalat
- buntes Brotsortiment mit Knoblauchbrot und Zwiebelbrot

Getränke

Begrüßungsgetränke (Aperitif)

Riesling Sekt	Deutschland
Prosecco	Italien
Cava	Spanien

Orangensaft
Orangensaft mit Sekt
Campari Orange
Sherry dry
Sherry medium

Getränke zum Büfett

Weißwein, trocken, zu hellem Fleisch und Fisch
Riesling von der Mosel
Weißburgunder aus der Pfalz
Silvaner aus Franken
Chardonnay aus Frankreich oder Spanien
Pinot Grigio aus Italien

Rotwein, trocken, zu dunklem Fleisch (Braten)
Dornfelder von der Mosel
Spätburgunder aus Baden
Cabernet Sauvignon aus Frankreich
Merlot aus Spanien

Biere

Bier Pilsener	vom Fass
Schwarzbier	vom Fass
Weizenbier	vom Fass

Altbier
Alkoholfreies Bier

Alkoholfreie Getränke

Colagetränk
Orangenlimonade
Bitter Lemon
Apfelsaft
Orangensaft
Mineralwasser mit Kohlensäure
Mineralwasser medium

Getränke nach dem Essen/Digestiv

Sherry
Doppelwacholder
Jubiläums Aquavit
Malteser
Weinbrand
Cognac
Obstler
Williams Birne
Grand Marnier
Grappa
Baileys

Heißgetränke

Kaffee
Cappuccino
Espresso
Latte Macchiato
Schwarzer Tee
Grüner Tee
Rooisbostee

Grundsätzliche Informationen zum Büfett

Mengenangaben je Person für ein kalt-warmes Büfett:

Speisen	Menge je Speise in g
Vorspeisen	80 – 100
Fleisch und Wurst	100 – 125
Fisch	40 – 80
Käse	50 – 100
Salat	80 – 100
Brot	50 – 80
Butter	30 – 40
Süße Nachspeisen	80 – 100

Preise je Person für das Büfett: (inklusive Umsatzsteuer, ohne Getränke, Geschirr und Service)

Hochzeitsbüfett	25,00 bis 30,00 €
Rustikales Büfett	11,00 bis 13,00 €
Italienisches Büfett	18,00 bis 20,00 €

Kinder bis 10 Jahre zahlen die Hälfte.

Ab 50 Personen wird ein Rabatt von 5 % gewährt.

Bei Zahlung innerhalb von einer Woche werden 2 % Skonto eingeräumt.

Sachwortverzeichnis

A

Angebotskarte 122

B

Backwaren 109
BEFFE-Wert 49, 50
Beratungsgespräch 119
Bestellschein 116
Betäubungsverfahren 92
Blutbehandlung 96
Blutgewinnung 96
Blutwurst 41
Blutwurstfehler 41
Brühen 99
Brühwurst 51, 53, 54, 55, 56, 61, 62, 63
Brühwurstfehler 56
Brühwurstrohstoffe 52
Büfett 125, 129, 130

C

Catering 120

D

Darm 46
Dauerwurst 75
DFD-Fleisch 12
Diffusion 21
DLG 76

E

Eintöpfe 99
Emulsion 42

F

Fettbrätverfahren 60
Fingerfood 81
Fisch 112
Fleischbeschau 97
Fleischgerichte 100
Fleischreifung 11, 12, 13
Fleischstandards 7
Fleischuntersuchung 97
Fleischwaren 107

G

Geflügel 112
Gemüse 110
Gerichte 98, 102
Gesamtbrätverfahren 60

H

Haltbarmachung 75
Handelsklasse 3
Herstellen 17, 18, 23, 24, 35, 40, 53, 54, 63, 67, 68
Hürdenverlauf 75
Hygiene 79

K

Kalb 9, 10
Kalkulation 6
Kalte Produkte 83
Kaltlagerung 85
Kochpökelware 23, 24
Kochwurst 33, 37, 47, 48
Kochwurstrohstoffe 34
Komplexe Aufgabe 16, 32, 49, 64, 78, 88, 108, 128, 129, 130
Konserven 105, 112
Konservenherstellung 104, 106
Konservenlagerung 106
Krankheiten 90
Kunstdarm 45, 46
Kutter 58, 59, 60

L

Lagerung 85
Leberwurst 35, 36, 37, 38, 42
Leberwurstfehler 38
Leitsätze 17, 33, 40, 51, 65
Lieferschein 117

M

Magerbrätverfahren 60
Milch 111
Milchprodukte 111

N

Naturdarm 44, 46

O

Obst 110
Osmose 21, 22

P

Partyservice 120, 121
Platten 124
Pökeln 19, 20, 22
Präsentation 14, 15, 30, 31, 47, 48, 61, 62, 77, 86, 103
PSE-Fleisch 12

Q

Qualitätsanforderung 37, 55, 69, 84, 101
Qualitätsbeurteilung 76

R

Räuchern 25, 26
Rechnung 118
Reifeverfahren 71
Reifung 72
Rinderschlachtung 93
Rohpökelware 17, 18
Rohwurst 65, 66, 69, 70, 72, 75, 77
Rohwurstfehler 70
Rohwurstreifung 72

S

Salate 80
Salmonellen 79
Salzen 19, 20
Schlachtfleisch 1, 2
Schlachtstempel 91
Schlachtung 93, 94, 95
Schnittfeste Rohwurst 67
Schweineschlachtung 94, 95
Sensorik 29
Snacks 81, 83
Speisekarte 87
Speisen 123
Steaks 8
Streichfähige Rohwurst 68
Stickstoffkuttern 59
Sülzwurst 40, 41
Sülzwurstfehler 41
Suppen 82, 99

T

Teigwaren 109
Tierschutz 89

V

Vakuumkuttern 58
Verkauf 14, 15, 30, 31, 47, 48, 61, 62, 77, 87, 102
Verkaufsgespräch 115
Verkaufspersonal 114
Verkaufstheke 113
Verpacken 126, 127
Verpackung 103
Verzehrfertige Produkte 86, 87

W

Warme Produkte 82
Warmlagerung 85
Wurstwaren 107

Z

Zerlegen 4, 5, 9, 10
Zusatzstoffe 27, 43, 57, 73, 74

Bildquellenverzeichnis

aid, Bonn: S. 11
Banss Schlacht- und Fördertechnik GmbH, Biedenkopf: S. 92/1; 93
Bartscher GmbH, Salzkotten: S. 85
„Besser anbieten – Mehr verkaufen – Das große Handbuch für moderne Thekenpräsentation", Autor Horst Lehmann, erschienen bei B&L MedienGesellschaft mbH & Co. KG, Hilden: S. 40/1; 47; 64/2
Bley Fleisch- und Wurstwaren, Edewecht: S. 37; 71
Bundesanstalt für Fleischforschung, Kulmbach: S. 12/1,2
Bundesforschungsanstalt für Ernährung, Karlsruhe: S. 38/2–4; 41/1; 70/2,4,6
CaseTech GmbH & Co. KG, Walsrode: S. 45
CMA, Bonn: S. 1; 4; 5/1–10; 9; 10/2–7
Cool-Fit GmbH, Buchenbach: S. 86/1
Danske Slagterier, DK Kopenhagen: S. 94; 95
Deutscher Fleischerverband, Frankfurt am Main: S. 10/8–12; 13
DLG e.V., Frankfurt: S. 38/1; 41/2,3; 70/1,3,5; 76
DocCheck Medical Services GmbH, Köln: S. 90/3
dpa-Picture-Alliance GmbH, Frankfurt am Main: S. 66 (Holger Hollemann/dpa-Report); 91 (picture-alliance)
Dziadosz, Barbara, Hamburg: S. 21/2–4; 22/1,2; 43; 59/2; 127/1–3
Enders GmbH & Co.KG, Reiskirchen: S. 51/2
Feldhues Fleischwarenbetriebe GmbH, Metelen/Westfalen: S. 7/6,7; 51/4; 62/1
Fisch-Manufaktur Kaden, Marienberg: S. 86/2
Fleischerei Detert GmbH, Stemwede: S. 18
Fritz Gempel marketing works, tell more – sell more®, Fürth: S. 77/1; 82/1; 87; 99; 113/1; 119
Gewürzmüller GmbH, Stuttgart: S. 7/1–5; 125/1
Harste, Björn, Bremen: S. 106
Inde-Plastik Betriebsgesellschaft m.b.H., Aldenhoven: S. 102/2
Institut für Virologie, Stiftung Tierärztliche Hochschule Hannover: S. 90/1
iStockphoto.com: S. 8 (Hipokrat); 14/3 (barol16); 24 (LauriPatterson); 96 (raulov); 109/3 (Oliver Hoffmann); 109/6 (Oliver Hoffmann); 128 (joakimbkk)
Jouy, Nadine, Hamburg: S. 88/1–6; 108/3
Kaaden, Prof. Dr. Oskar-Rüger, München: S. 90/2,4,5
Klaus Euler GmbH, Langgöns: S. 113/2
Kleiber, Susanne, Hamburg: S. 29/2; 111/2
Könemann Verlags GmbH, Köln: S. 10/1
Krausen, Scott, Mönchengladbach: S. 52/2; 77/2; 110/2; 115/1–6
Kudick, Klaus-Dieter, Rostock: S. 117
Maier Grill GmbH-Switzerland, CH-Winterthur: S. 123
Metzgerei Klaus Böbel, Rittersbach: S. 39/2
Rack & Rüter GmbH, Fuldabrück: S. 62/2,3
Rasting GmbH & Co. KG, Meckenheim: S. 33/4; 44/3; 51/1; 57
Rational AG, Landsberg am Lech: S. 102/1
Rühle GmbH, Grafenhausen: S. 20/3
Schmid, Rudolf, Hamburg: S. 2/1–4; 19/1,2; 20/1; 25; 33/2; 34/1; 36; 44/4; 49; 51/3; 56/1–3,5; 60; 62/4; 63; 64/1; 74/1,2; 104; 105/1–6; 107; 114; 116; 122/1; 124/1–6
Schmidt & Wezel GmbH & Co., Maulbronn: S. 92/2,3
Schutzverband der Schwarzwälder Schinkenhersteller e.V., Villingen-Schwenningen: S. 32/1
Seydelmann KG, Stuttgart: S. 54
Shutterstock Images LLC, New York, USA: S. 14/2 (stockcreations); 15 (ismishko); 16 (hans engbers); 17 (Kojin); 21/1 (photocrew1); 23 (WhiteYura); 26 (Iakov Filimonov); 27 (Franck Boston); 29/1 (URAIWONS); 33/1 (izikMD); 33/3 (manulito); 33/5 (GSDesign); 33/10 (abimages); 34/2 (de2marco); 35 (JacZia); 40/2 (unpict); 72 (Gita Kulinitch Studio); 83/2 (stockcreations); 89 (Wolfilser); 100 (Food Impressions), 101 (stockcreations); 109/2 (funny face); 110/1 (Alexander Raths); 111/1a (Vander-Wolf Images); 121 (Andrey_Popov)
SP Spezialitäten Partner Nord GmbH, Bremen: S. 7/8; 33/9; 44/2; 48; 65/1,2; 67
stock.adobe.com: S. 20/2 (monticellllo); 30 (selene24); 31 (sterneleben); 32/2 (monticellllo); 32/3 (by-studio); 33/6 (photocrew); 33/7 (Maurice Metzger); 53 (Gina Sanders); 55 (agentur2728.de); 68 (moonrun); 69 (Stefan Gräf); 79 (Sebastian Kaulitzki); 80/1 (UMA); 80/2 (Christian Jung); 80/3 (uckyo); 80/4 (Pixelspieler); 80/5 (L.Klauser); 80/6 (Norman Chan); 81/1 (Maren Wischnewski); 81/2 (HLPhoto); 81/3 (Lucky Dragon); 82/2 (hjschneider); 82/3 (ExQuisine); 83/1 (view7); 84/1 (ExQuisine); 84/2 (Olga Nayashkova); 84/3 (manla); 84/5 (schenkArt); 97 (contrastwerkstatt); 98 (st-fotograf); 108/1 (contrastwerkstatt); 108/2 (manla); 109/1 (spinetta); 109/4 (Richard Oechsner); 109/5 (L.Klauser); 109/7 (Popova Olga); 111/1 (euthymia); 112 (Roman Samokhin); 120/1 (Reni); 120/2 (Lucky Dragon); 126 (Greg); 129/1 (starush); 129/2 (uwimages)
StockFood GmbH, München: S. 122/2–4; 103 (Foodfolio)
Thumser, Klaus, Hamburg: S. 84/4
Tichy Karl Handelsgesellschaft mbH, A-Haag: S. 58
Werbeagentur cre art, Fulda: S. 14/1
Wikimedia: „Meine Wurst is jut – Zille": S. 39/1
www.agroscope.admin.ch: S. 73
www.bundesbank.de: S. 6
Zimbo Fleisch- und Wurstwaren GmbH, Bochum: S. 44/1; 78